Aymen ⸻

Résolution du problème d'insertion lampe sur la ligne KN

Aymen Labbene

Résolution du problème d'insertion lampe sur la ligne KN

Éditions universitaires européennes

Impressum / Mentions légales

Bibliografische Information der Deutschen Nationalbibliothek: Die Deutsche Nationalbibliothek verzeichnet diese Publikation in der Deutschen Nationalbibliografie; detaillierte bibliografische Daten sind im Internet über http://dnb.d-nb.de abrufbar.
Alle in diesem Buch genannten Marken und Produktnamen unterliegen warenzeichen-, marken- oder patentrechtlichem Schutz bzw. sind Warenzeichen oder eingetragene Warenzeichen der jeweiligen Inhaber. Die Wiedergabe von Marken, Produktnamen, Gebrauchsnamen, Handelsnamen, Warenbezeichnungen u.s.w. in diesem Werk berechtigt auch ohne besondere Kennzeichnung nicht zu der Annahme, dass solche Namen im Sinne der Warenzeichen- und Markenschutzgesetzgebung als frei zu betrachten wären und daher von jedermann benutzt werden dürften.

Information bibliographique publiée par la Deutsche Nationalbibliothek: La Deutsche Nationalbibliothek inscrit cette publication à la Deutsche Nationalbibliografie; des données bibliographiques détaillées sont disponibles sur internet à l'adresse http://dnb.d-nb.de.
Toutes marques et noms de produits mentionnés dans ce livre demeurent sous la protection des marques, des marques déposées et des brevets, et sont des marques ou des marques déposées de leurs détenteurs respectifs. L'utilisation des marques, noms de produits, noms communs, noms commerciaux, descriptions de produits, etc, même sans qu'ils soient mentionnés de façon particulière dans ce livre ne signifie en aucune façon que ces noms peuvent être utilisés sans restriction à l'égard de la législation pour la protection des marques et des marques déposées et pourraient donc être utilisés par quiconque.

Coverbild / Photo de couverture: www.ingimage.com

Verlag / Editeur:
Éditions universitaires européennes
ist ein Imprint der / est une marque déposée de
OmniScriptum GmbH & Co. KG
Bahnhofstraße 28, 66111 Saarbrücken, Deutschland / Allemagne
Email: info@editions-ue.com

Herstellung: siehe letzte Seite /
Impression: voir la dernière page
ISBN: 978-613-1-56898-5

Résumé

Titre : Résolution du problème d'insertion lampe sur la ligne KN.

Résumé : « Le bon du premier coup » est l'objectif de toute entreprise dans la perspective d'assurer la qualité totale.

Dans ce contexte, on a été appelé dans ce sujet à résoudre le problème d'insertion lampe et éviter en conséquence à l'entreprise des pertes exorbitantes.

En premier lieu, On s'est intéressé à présenter le cadre de travail en vigueur et introduit le problème d'insertion

En deuxième lieu, on s'est penché sur l'analyse du problème à l'aide d'outils d'analyse qualité en vue de dresser la liste des causes potentielles du problème et trancher sur leurs éventuelles implications à l'aide de séries de tests et mesures.

Dernièrement, nous avons essayé de proposer des solutions correctives à ce problème tout en prenant en considération l'aspect efficacité et aspect économique

Mots clés : lampe, languette, insertion, PDCA-FTA, étude benchmarking, poste de montage

Abstract

Title: Solving the problem of inserting lamp on the line KN.

Abstract: "Right by the first time" is the goal of any enterprise from the perspective of ensuring total quality.

In this context, we were called in this project to solve the problem of inserting lamp and therefore prevent losses to the company.

First, we focused on the present framework in force and introduced the problem of integration.

Second, we looked at the problem analysis using analytical tools for quality to list the potential causes of the problem and decide on their possible implications with series of tests and measurements.

Finally, we tried to propose remedial solutions to this problem while taking into consideration the effectiveness and economical sides.

Keywords: lamp, socket, insert, PDCA-FTA, benchmarking study, mounting station

2

ملخّص

العنوان: حل مشكلة إدراج مصباح في وحدة الإنتاج.

ملخّص: " جيّد من الوهلة الأولى " هو هدف أي شركة لضمان الجودة الشاملة.

وفي هذا السياق، فقد دعينا إلى حل مشكلة إدراج مصباح وبالتالي منع الخسائر الباهظة للشركة.

اهتممنا أولا، وقدمنا مشكلة إدراج المصباح و وحدة الإنتاج في الوضع الحالي.

ثانيا ، اهتممنا بتحليل المشكل باستعمال أدوات تحليل الجودة و ذلك لتحديد الأسباب الممكنة لهذا المشكل و قمنا بجملة من الاختبارات و القياسات لنتمكّن من تحديد مدى تدخّل هذه العوامل في المشكل.

أخيرا، قدمنا بعض الحلول لهذا المشكل و أخذنا بعين الاعتبار جانبي الفاعلية و كلفة التطبيق.

الكلمات المفاتيح: مصباح ، اللسان ، إدراج، شجرة تحليل مصدر الفشل ، دراسة المقارنة، وحدة التركيب

Remerciements

Au terme de ce travail, je souhaite exprimer toute ma reconnaissance et ma gratitude à Monsieur **Farhat Zemzemi**, docteur en génie mécanique pour avoir dirigé ce projet en me faisant partager son enthousiasme et bénéficier de sa grande expérience et de ses compétences

Mes remerciements les plus distingués s'adressent à **Mr. Nourredine El-Hallek** pour sa patience et disponibilité. En effet, ce travail n'aurait pas pu réussir sans son aide et son grand apport.

Je souhaite également remercier tout le personnel de VALEO Ben Arous et en particulier l'UAP IPM RSA ayant présenté leur aide et disponibilité au cours de cette période.

Je remercie vivement les membres du jury qui me font l'honneur de juger ce travail.

Veuillez Messieurs trouver ici l'expression de ma reconnaissance et mon profond respect

Dédicaces

Du plus profond de mon cœur je dédie le fruit de ce travail En témoignage de ma profonde affection et mon infinie reconnaissance

A Ma Mère et Mon père,

Nulles dédicaces ne peuvent exprimer ce je que leurs dois,

Pour l'amour qu'ils me portent,

Pour leurs sacrifices illimités,

Pour leur confiance et leur patience,

A Mon petit frère,

Pour tous les efforts, les encouragements et le soutien qu'il m'a consenti tout au long de mes études, pour avoir supporté tous mes caprices,

A ma chère Nesrine,

Pour toute sa patience, son soutien infini et ses encouragements tout au long de ce travail

A toute la famille,

A tous mes amis,

Labbene Aymen

5

Table de matières

Liste des tableaux

Liste des figures

Liste des annexes

Introduction générale

Afin de rester compétitives dans l'environnement actuel de la production, les entreprises subissent des exigences sévères. Par conséquent, elles doivent non seulement investir et produire mais aussi optimiser leurs processus et mettre à niveau leurs systèmes afin de garantir la satisfaction de leurs clients.

Dans le secteur industriel et particulièrement automobile les clients sont de plus en plus exigeants. De ce fait, la qualité totale est indispensable pour réussir à les satisfaire.

C'est dans ce contexte que se situe notre projet de fin d'études qui s'est déroulé au sein du site Ben Arous de l'entreprise VALEO, entreprise qui opère, effectivement, dans le secteur automobile. La qualité totale est en effet au cœur de l'esprit de VALEO.

Le projet qui nous a été proposé tourne autour de la résolution d'un problème qualité au niveau de la ligne de production KN-KZ spécialisée dans le montage d'interrupteurs pour voitures. Cette résolution passe par des modifications sur le produit et/ou le processus afin de baisser le taux de rejet de la ligne.

Ce rapport est scindé sur trois grands chapitres : le premier porte sur une analyse de l'existant comportant une présentation de l'entreprise d'accueil VALEO et une présentation des produits de la ligne KN et le processus de montage. La deuxième partie de ce chapitre comportera une présentation du problème d'insertion lampe et son impact économique.

Le deuxième chapitre quant à lui portera sur une analyse approfondie du problème en utilisant des outils d'analyses qualité différents : FTA (Fault tree analysis), étude benchmarking et pour conclure une mise à jour AMDEC. Cette analyse vise à désigner les causes potentielles du problème.

Le troisième et dernier chapitre sera quant à lui consacré à la proposition de solutions correctives à ce problèmes et leurs évaluations d'un point de vue efficacité et d'un point de vue économique et choisir la solution la plus vouée à la réussite.

Premier chapitre :
Analyse de l'existant et problématique

1. CHAPITRE ANALYSE DE L'EXISTANT ET PROBLEMATIQUE

Dans ce chapitre, nous commencerons par une brève présentation du groupe Valeo, nous analyserons ensuite le cadre de travail. Ceci passe par une présentation détaillée de la ligne KN-KZ, ainsi que par un état des lieux du problème d'insertion de la lampe Oshino.

1.1 Présentation du groupe :

Valeo est un groupe industriel mondial indépendant, entièrement dédié à la conception, la fabrication et la vente de composants, de systèmes et de modules pour automobiles et poids lourds, tant en première qu'en deuxième monte.

Actuellement, le groupe VALEO comporte 52.200 collaborateurs répartis dans 120 sites de production, 21 centres de Recherche, 40 centres de Développement et 10 plates-formes de distribution dans 27 pays comme elle représente la figure 1.3.

Figure 1-1 : Valeo dans le monde

1.1.1 Stratégie Valeo

En 1991, le groupe adopte la méthodologie « **5 axes** », visant la satisfaction du client par la qualité totale en se basant sur l'amélioration continue et le principe « **bon du premier coup** ». Cette méthode de Valeo est appliquée partout dans le groupe par tous les salariés afin de livrer « **Zéro défaut** » au client. Les 5 axes sont :

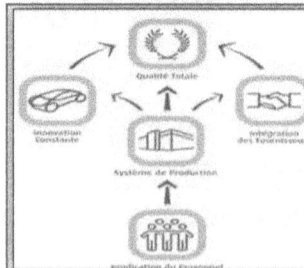

Figure 1-2 : Les 5axes de Valeo

14

1.1.1.1   Implication du personnel :

L'implication du Personnel contribue à la performance industrielle en optimisant l'efficacité des équipes. Cet axe vise à développer le travail en équipe, l'enrichissement des tâches par la responsabilisation des personnes et le renforcement des compétences par la formation. Il encourage l'implication des personnes dans le processus d'amélioration continue et favorise une information rapide et utile, et le feedback. L'implication du Personnel nécessite de reconnaître les compétences individuelles, de même que la performance de l'équipe dans l'atteinte des objectifs communs.

1.1.1.2   Système de production Valeo (SPV) :

Il est destiné à améliorer la productivité et la qualité des produits et systèmes. Les moyens mis en œuvre sont: l'organisation en flux tirés, la flexibilité des moyens de production, l'élimination de toutes les opérations improductives et l'arrêt de la production au premier défaut.

1.1.1.3   Innovation constante :

Les Equipes Projets et l'étude simultanée des produits et des processus permettent de concevoir des produits innovants, faciles à fabriquer, de qualité, au meilleur coût et en réduisant les délais de développement.

1.1.1.4   Intégration des fournisseurs :

Valeo établit et maintient à long terme des relations étroites avec les meilleurs fournisseurs mondiaux pour bénéficier de leur capacité d'innovation, développer des plans de productivité et améliorer la qualité.

1.1.1.5   Qualité Totale :

Pour répondre aux attentes des clients en termes de qualité des produits et des services, la Qualité Totale est exigée de l'ensemble du groupe et ses fournisseurs.

Pour VALEO, la Qualité Totale est l'implication permanente de tous les membres de l'entreprise pour améliorer la Qualité de ses choix et de ses objectifs, la qualité de son fonctionnement, la qualité de ses produits et de ses services. Son objectif est la satisfaction des clients à un coût compétitif, en assurant ainsi la rentabilité de l'entreprise.

1.1.2   Organisation du groupe

Le groupe se divise en trois grands pôles d'activités et dix branches industrielles, réparties comme suivent :

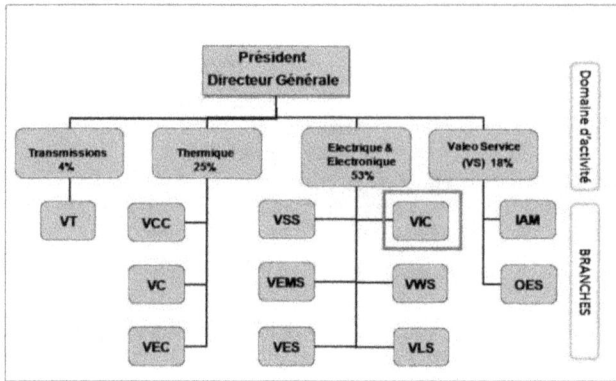

Figure 1-3 : Organisation par domaine d'activité du groupe Valeo

1.1.3   Présentation du Site Ben Arous (VIC)

1.1.3.1   La Branche VIC (Valeo Contrôles Intérieurs)

Elle conçoit et produit des solutions d'interface entre le conducteur et le véhicule mais aussi entre l'environnement et le véhicule. La branche VIC produit donc une gamme complète d'interrupteurs, de commandes sous volant, de systèmes de reconnaissance de l'environnement (Systèmes d'aide au stationnement à ultrasons, capteurs de pluie/lumière/tunnel, Systèmes de surveillance de trajectoire latérale…), de modules "haut de colonne" et propose également une grande variété de capteurs de température et de niveau.

1.1.3.2   Présence de Valeo en Tunisie

Valeo était en Tunisie depuis l'année 2000, elle a créé en premier temps le site de Ben Arous avec la branche Contrôles Intérieurs et en deuxième temps le site de Jedaida avec la branche Transmissions.

Figure 1-4 : Valeo en Tunisie

Le site Ben Arous est installé sur une surface de 9250 m² couverte, il a pour activité principale la fabrication d'ensemble et sous ensemble de petites commutations (Push warning, Lèves vitre, Commandes rétro) et de hauts de colonnes (Commandes sous volant, commandes radio). Le site de Valeo Ben Arous compte environ 860 employés: 593 au sein de l'**Activité TCM** (dont 491 MOD) et 267 pour l'**Activité IPM** (dont 216 MOD).

16

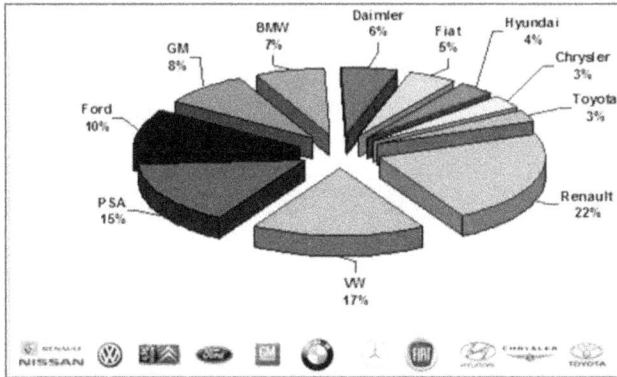

Figure 1-5 : Les clients du groupe par pourcentage de chiffre d'affaires en 2008

1.1.4   Produits de la branche IPM chez Valeo Ben Arous :

Puisque le sujet s'est déroulé dans l'UAP IPM, on présentera quelques produits de l'activité IPM

Figure 1-6 : Quelques produits de l'activité IPM

Parmi d'autres produits présents dans cet UAP, on peut citer les produits de la ligne KN. Dans la suite on présentera avec plus de détails cette gamme de produits puisque c'est sur elle que portera ce sujet.

1.2   Présentation de la ligne KN-KZ :

1.2.1   Produits de la ligne KN-KZ :

La ligne KN-KZ est une ligne d'assemblage d'interrupteurs qui sont destinés pour le constructeur automobile RENAULT (RSA). La ligne présente une diversité de 35 références qu'on peut classer selon plusieurs critères dont on peut citer :

- Interrupteurs à LED
- Interrupteurs à lampe

La majorité des références produites sur la ligne KN utilisent la technologie de la lampe.

17

Références	Technologie	Références	Technologie
A14365	lampe	A10952	lampe
A10810	LED	A10982	LED
A14023	lampe	A410448	lampe
A10308	lampe	A410982	lampe
A10309	lampe	A414039	lampe
A10310	lampe	E27100	lampe
A10339	lampe	A06528	lampe
A10340	lampe	A34001→34019	lampe
A10341	lampe	A34023	lampe
A10346	lampe	34024	lampe
A10347	lampe	34025	lampe
A10359	lampe	A34028	lampe
A10360	lampe	A34030	lampe
A10388	lampe	A34032	lampe
A10389	lampe	A34041	lampe
A10392	lampe	A10087	lampe
A10590	lampe	-	

Tableau 1-1 : Produits de la ligne KN et la technologie utilisée

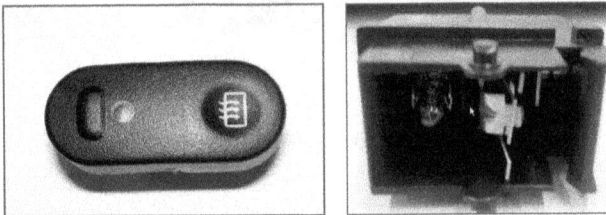

Figure 1-7 : Exemples de deux produits finis à lampe

Les demandes du client diffèrent d'une référence à une autre. Certaines sont beaucoup demandées, elles sont appelées « High runner », d'autres le sont moins, elles sont appelées « Low runner ».

Sur la planification de 2011, nous présentons sur la figure 1.7 le graphique, permettant de distinguer les articles pilotes (High runner).

18

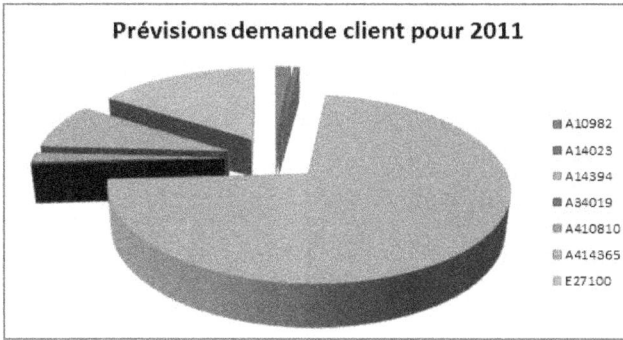

Figure 1-8 : Prévision demande clients par référence pour 2011

1.2.2   Emplacement dans l'usine :

L'atelier est divisé en cinq UAP (unités autonomes de production) qui sont :

- TCM RSA

- FIAT M2S

- TCM PSA

- IPM RSA

- IPM PSA

La ligne KN-KZ fait partie de l'UAP IPM RSA.

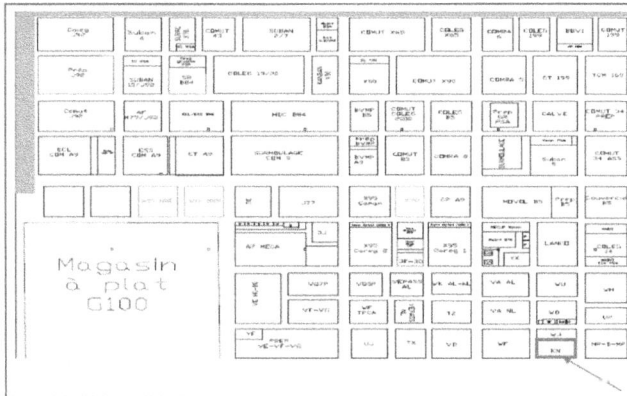

Figure 1-9 : Emplacement de la ligne KN dans l'usine

1.2.3   Lay-out de la ligne KN-KZ :

La ligne KN-KZ est constituée de 7 postes répartis dans un îlot de production en forme de U.

19

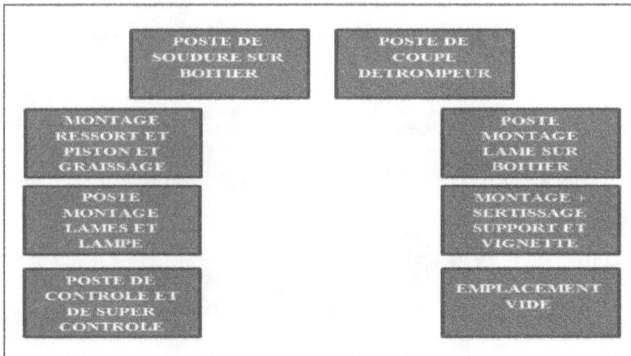

Figure 1-10 : Ilot de la ligne de production KN-KZ

En réalité, le flux de production sur la ligne n'est pas vraiment en U car le passage d'une référence n'est pas systématique par tous les postes.

En effet, sur cette ligne on utilise le principe de l'opérateur tournant, c'est-à-dire que les opérateurs peuvent travailler sur plusieurs postes en utilisant le principe du stockage intermédiaire.

1.2.4 **Description des postes de la ligne :**

1.2.4.1 **Poste de montage et de sertissage support et vignette**

Figure 1-11 : Poste de montage et sertissage vignettes

Ce poste est utilisé seulement pour les références vendues avec touche.

Avant de monter la touche sur boitier, l'opérateur occupant ce poste monte une vignette propre à chaque référence.

Après collage de la vignette sur la touche, cette dernière est montée sur le boitier correspondant et en suite conditionné dans des barquettes pour être transférer

1.2.4.2   Poste montage lames sur boitier :

Figure 1-12 : Poste de montage lames sur boitier

Ce poste est utilisé pour la référence E27100 et ses dérivées.

La presse manuelle présente sur ce poste comporte quatre empreintes, deux en avant et deux en arrière du plateau de la presse, qui servent à monter quatre types de lames sur le boitier.

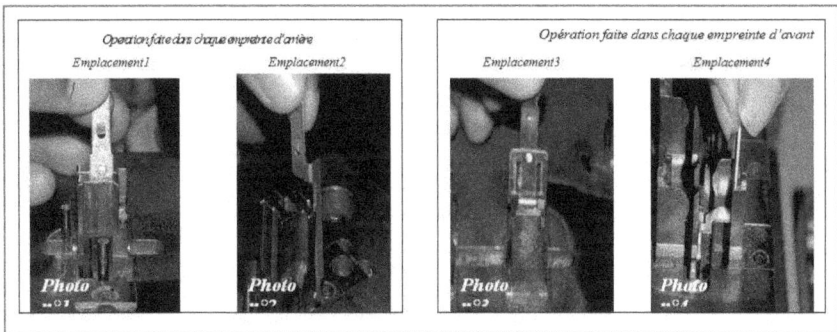

Figure 1-13 : Opérations de montage de lames

1.2.4.3   Poste de coupe :

Figure 1-14 : Poste de coupe

21

Ce poste n'est pas très utilisé sur la ligne. Il l'est essentiellement sur les références utilisant la technologie LED

Il permet de couper la partie inférieure de certains boitiers pour les adapter à des conceptions différentes d'automobiles.

1.2.4.4   Poste de soudure :

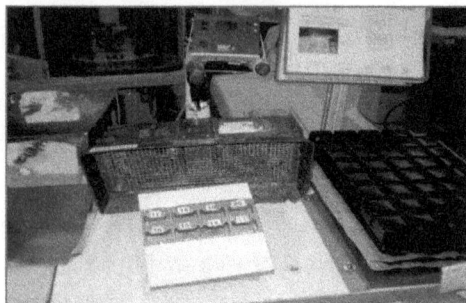

Figure 1-15 : Poste de soudure

Ce poste est utilisé pour les références utilisant la technologie LED.

En utilisant de l'étain, l'opérateur occupant ce poste soude des mini circuits sur les boitiers au niveau de deux zones.

Ce poste demeure un des postes les plus critiques sur la ligne nécessitant des opérateurs expérimentés et qualifiés pour garantir une meilleure qualité de soudure.

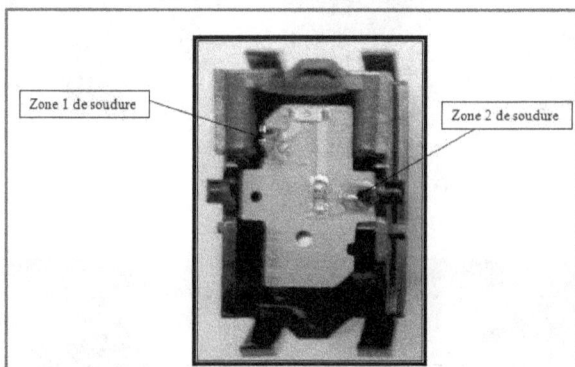

Figure 1-16 : zones de soudure sur une référence à LED

1.2.4.5   Poste de montage piston, ressort et graissage :

Figure 1-17 : Poste de montage piston et graissage

Le poste de graissage est nécessaire pour toutes les références avec touche.

Les pistons, montés avec un ressort, assurent le basculement d'un état au deuxième des interrupteurs.

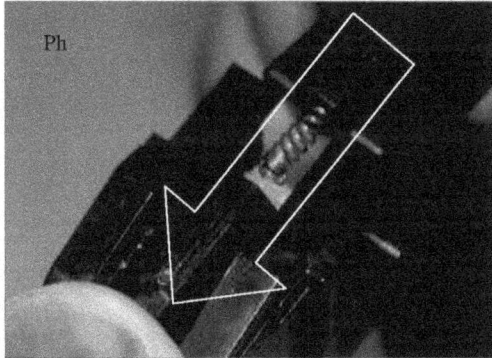

Figure 1-18 : Montage piston avec ressort et graissage

1.2.4.6   Poste montage lames et lampe :

Figure 1-19 : Poste de montage lames et lampe

C'est le poste par lequel passe toutes les références avec lampe, c'est un poste jumelé c'est-à-dire qu'il y est deux opérations différentes :

Insertion de quatre types différents de lames (servant à fixer la lampe et assurer le basculement de l'interrupteur)

Insertion lampe.

La presse utilisée contient quatre empreintes, deux à deux similaires, les deux en avant sont utilisées pour monter le basculeur et la lampe tandis que ceux de derrière sont utilisées pour le montage des languettes lampe.

Dans la suite, on étalera plus le processus de montage relatif à ce poste puisqu'il sera le poste sur le quel portera l'essentiel du projet.

1.2.4.7   Poste de contrôle et du super-contrôle :

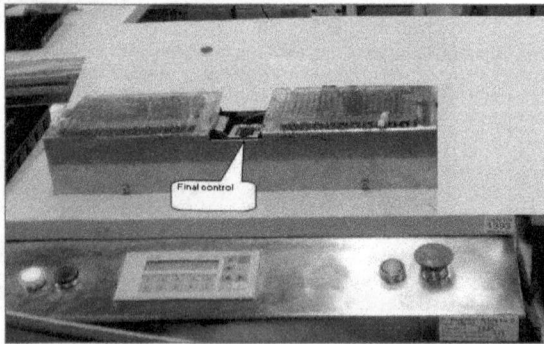

Figure 1-20 : Poste de contrôle

Ce poste est l'étape finale que suit chaque produit fini avant d'être conditionné et stocké.

En premier lieu, ce poste contenait seulement une seule phase de contrôle mais suite à la détection de pièces mauvaises par le client, Valeo a mis en place un second type de contrôle assuré par un « Pivert » afin de détecter le plus possible de pièces mauvaises.

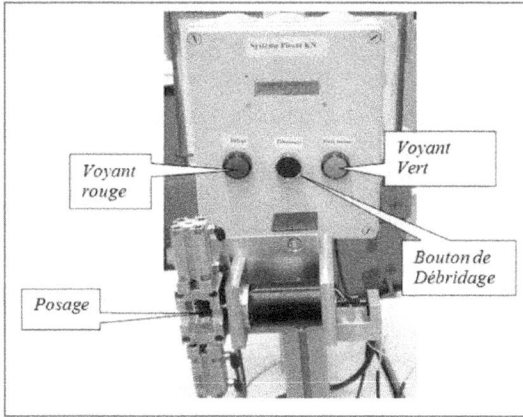

Figure 1-21 : Poste de super-contrôle ou « Pivert »

Après avoir décrit le processus d'assemblage actuellement présent et analyser l'existant sur la ligne de production on passe maintenant à l'introduction à la problématique d'insertion de la lampe.

1.3   Problématique de l'insertion lampe :

1.3.1   Changement du fournisseur de lampe

Dans son souci permanent d'améliorer la qualité de ses produits, Valeo a procédé au changement de son fournisseur de lampes pour l'UAP IPM RSA. Ce changement vient suite aux récurrents problèmes qu'ait causés la première gamme de lampes (Osram) sur la ligne de production VD.

En effet, les lampes OSRAM ont causé d'énormes pertes sur les produits VD.

En plus des problèmes enregistrés sur la ligne VD, le deuxième motif du basculement vers les lampes Oshino est purement économique. En effet, si on considère le volume de lampes utilisées sur les deux lignes KN et VD pour l'année 2010 et on compare les *coûts* relatifs à chaque gamme :

	Produits KN	Produits VD
Volume 2010	181937	780095
Prix unitaire lampe Osram	0,0730 €	0,0730 €
Coût Osram 2010	13281,42 €	56946,93 €
Prix unitaire lampe Oshino	0,0441 €	0,0441 €
Coût Oshino 2010	8023,43 €	34402,19 €
Gain 2010	5257,99 €	22544,74 €

Tableau 1-2 : Calcul du gain suite au basculement vers les lampes Oshino

Sur une année seulement, et pour seulement ce type de lampes (12V et 1,2 W), L'UAP enregistre un gain de **27802,73 €.**

Donc, Valeo a procédé au changement du fournisseur de lampes pour deux motifs :

- Problèmes des produits OSRAM sur la ligne VD.

- Deuxième fournisseur moins cher.

1.3.2   Impact du changement de fournisseur sur la ligne KN

Ayant procédé à ce changement de fournisseur de lampes, la nouvelle gamme a permis de résoudre les problèmes relatifs à la ligne de production VD mais ce changement a engendré des problèmes sur la ligne KN.

Ce problème peut être décrit par une perte d'éclairage des interrupteurs détecté sur le poste de contrôle de la ligne KN mais aussi chez le client directe de Valeo Ben Arous, Valeo VIC Brésil.

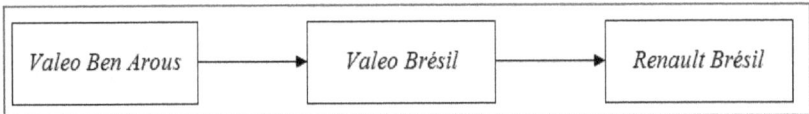

Figure 1-22 : clients de la référence A14394

1.3.2.1   Taux de PPM sur la ligne KN :

Le PPM (partie par million), est un indicateur de la performance qualité d'une ligne de production, il désigne le nombre de pièces défaillantes détectées sur un million de pièces produites. Cet indicateur est utilisé par plusieurs grandes entreprises pour assurer un bon suivi de la production et minimiser les surcouts survenant suite aux problèmes qualité chez le client. Le taux à ne pas dépasser varie d'une entreprise à une autre et il varie même d'une ligne de production à une autre au sein d'une même entreprise.

Chez Valeo, le taux de PPM à ne pas dépasser sur ses lignes est très bas (un plafond de 0.005%, soit 50 pièces mauvaises par million).

Sur la ligne KN, le taux de PPM est très élevé comme l'indiquent ces deux graphes :

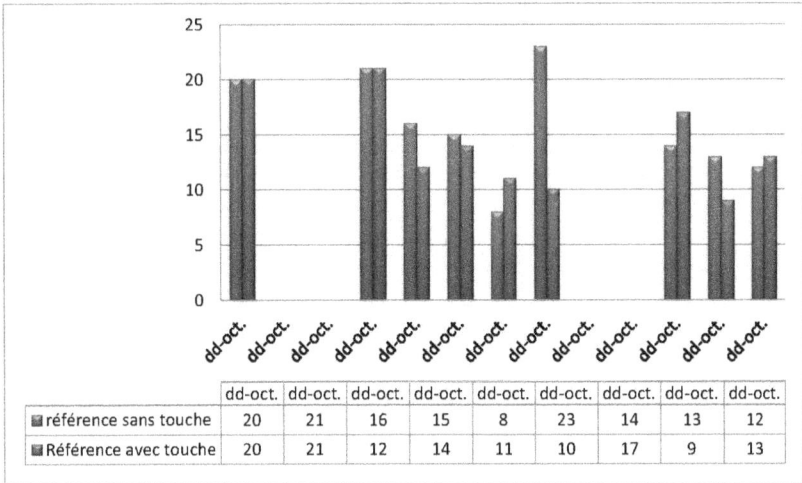

	dd-oct.	dd-oct.	dd-oct.	dd-oct.	dd-oct.	dd-oct.	dd-oct.	dd-oct.	dd-oct.
▣ référence sans touche	20	21	16	15	8	23	14	13	12
▣ Référence avec touche	20	21	12	14	11	10	17	9	13

Figure 1-23 : Suivi défaut d'absence d'éclairage avant la mise en place du Pivert

La détection de pièces défaillantes chez le client directe a poussé Valeo à mettre en place un deuxième poste de contrôle afin de détecter le plus possible de pièces mauvaises sur la ligne avant qu'elles soient conditionnées et vendues.

La mise en place de ce Pivert a couté cher à l'UAP, en effet il a couté près de 3000 € et sans compter le temps perdu par les opérateurs à passer toutes les pièces par ce nouveau poste.

Ce nouveau poste a permis de détecter plus de pièces mauvaises sur la ligne, comme le montre ce graphe :

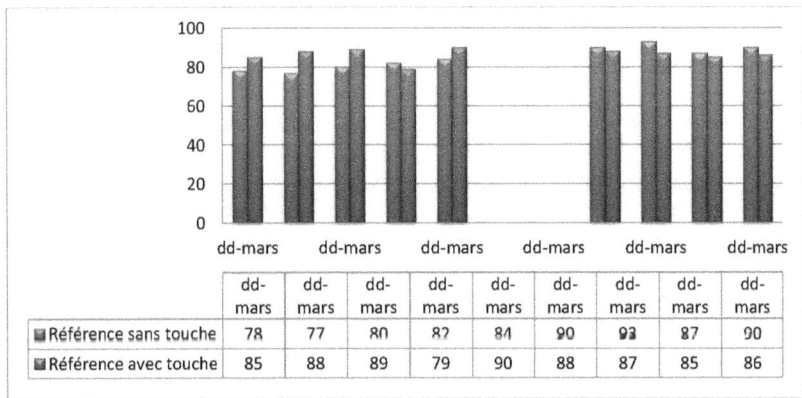

	dd-mars	dd-mars	dd-mars	dd-mars	dd-mars	dd-mars	dd-mars	dd-mars	dd-mars
▣ Référence sans touche	78	77	80	82	84	90	93	87	90
▣ Référence avec touche	85	88	89	79	90	88	87	85	86

Figure 1-24 : Suivi défaut d'absence d'éclairage après mise en place du Pivert

Tous ces taux ont été calculés pour une journée pleine cadence, soit une production journalière de 1120 pièces (560 avec touche et 560 sans touche).

La mise en place du Pivert a permis d'augmenter nettement le nombre de pièces défaillantes détectées et par suite éviter les alertes qualités clients.

Le taux de PPM atteint sur la ligne est largement supérieur au taux souhaités ce qui nécessite une intervention rapide et radicale pour trouver le facteur susceptible d'être à l'origine de ce problème.

Conclusion :

Après avoir fait un état des lieux en présentant le cadre de travail, nous nous pencherons dans le chapitre qui suivra sur l'analyse du problème insertion lampe et chercher les causes possibles de ce problème.

Deuxième chapitre :
Analyse du problème

2. CHAPITRE ANALYSE DU PROBLEME

Après avoir décrit le cadre de travail et introduit le problème d'insertion lampe sur la ligne KN, on procédera dans ce chapitre à une analyse approfondie de ce problème en utilisant des outils d'analyse qui nous aiderons à déceler la ou les causes racines de ce problème et par suite dégager la ou les solutions susceptibles de le résoudre.

2.1   Présentation des outils d'analyses utilisés :

En premier lieu, on procedera à la présentation des outils d'analyses utilisés dans cette partie, à savoir :

- Analyse PDCA-FTA

- Etude Benshmarking

- Mise à jour de l'AMDEC process

2.1.1   Analyse PDCA-FTA :

2.1.1.1   Présentation de la méthode :

L'analyse de cause racine (Factor Tree Analysis) est un outil de qualité utilisé pour déceler la source des défauts ou des problèmes. C'est une approche structurée qui se concentre sur la cause décisive ou originale d'un problème ou d'une condition. L'analyse FTA aide à identifier les points à risque ou faibles dans les processus ou les produits, les causes sous-jacentes ou systémiques, et les mesures correctives à entreprendre.

Il existe trois grandes approches de l'analyse FTA :

Axée sur la sécurité : Ce type est utilisé dans l'investigation des accidents de travail. Les causes profondes ont tendance à être considérées comme des barrières de sécurité défectueuses ou manquantes.

Basée sur la production : Cette approche tient ses origines du domaine de la fabrication et le contrôle qualité industriel. Cette école de FTA a tendance à considérer l'une des causes comme la cause initiale d'une non-conformité, ce qui est cohérent avec la notion de production basée sur nombreuses étapes successives, un ou plusieurs d'entre eux peut être défectueux ou hors de la tolérance

Basée sur les processus : est en fait une suite à l'approche précédente, mais dont la portée a été élargie pour inclure le processus hors l'entreprise de fabrication. La base de cette est que les défaillances individuelles sont la source des problèmes. Ce type de FTA est étroitement lié à la pratique de l'amélioration continue des processus

Pour conduire une analyse FTA, on doit passer par ces trois étapes essentielles :

Phase d'investigation : Elle sert pour découvrir les faits qui montrent comment un incident s'est produit. Pendant cette phase, nous ne sommes pas concernés par ce qui n'a pas eu lieu, ou ce qui aurait dû arriver, mais la seule préoccupation est ce qui s'est réellement passé, sans aucun jugement de valeur. Cette phase traite les faits d'une manière neutre sans aucun jugement de manière.

Phase d'analyse : Elle sert à déceler les raisons qui expliquent pourquoi un incident s'est produit. C'est là où on considère une représentation purement factuelle de l'incident et le voir dans le contexte du système (ou organisation) qui l'a créé. Les valeurs du système (objectifs, règles, de la culture, etc..) peuvent maintenant être utilisés pour comparer ce qui s'est passé contre ce qui aurait dû arriver.

Phase de décision : Dans cette phase on développe les recommandations qui identifient ce qui devrait être appris et quels besoins à faire. Dans cette phase, nous sommes concernés par la correction ou l'élimination des causes premières d'un incident. Cette élimination se fait à travers une série de tests, mesures ou autres permettant de garder les causes les plus plausibles

2.1.2   Etude Benchmarking :

2.1.2.1   Définitions

Tout d'abord, nous allons nous intéresser au terme benchmarking proprement dit. Le mot

« Benchmark » est un terme emprunté aux géomètres, qui désigne un repère servant de point de référence pour des comparaisons de directions. Il existe plusieurs expressions dans la langue française correspondantes au benchmarking : l'étalonnage concurrentiel ou parangonnage en font partie.

Il existe plusieurs définitions du benchmarking provenant de spécialistes tous plus éminents les uns que les autres. L'une d'elles, donnée par l'ex-président de la société Xerox, David T. Kearns est : «Le benchmarking est un processus continu et systématique d'évaluation des produits, des services et des méthodes par rapport à ceux des concurrents les plus sérieux et des entreprises reconnues comme leaders ou chef de file... ».

2.1.2.2   Les types du Benchmarking :

1) Le Benchmarking interne : Il vise à comparer des processus, produits ou services appartenant à la même organisation.

2) Le Benchmarking concurrentiel : il vise à comparer une entreprise au meilleur de ses concurrents sur le marché.

3) Le Benchmarking générique : Il vise à comparer des entreprises appartenant à des secteurs d'activités différents mais qui ont des processus similaires.

4) Le Benchmarking fonctionnel : il vise à comparer une fonction génératrice de valeur ajoutée et commune à des entreprises non concurrentes mais appartenant à un même secteur d'activités.

5) Le Benchmarking processus : IL vise à mettre en évidence, pour chaque entreprise engagée et généralement reconnue comme leader dans son secteur d'activités, la spécificité de certaines opérations de son processus critique.

6) Le Benchmarking stratégique : il vise à recueillir les meilleures pratiques des entreprises le plus souvent concurrentes avec une mise en évidence des objectifs stratégiques associés à ces pratiques.

7) Le Benchmarking organisationnel : il vise à faire évoluer certaines activités qui ont une grande incidence sur l'organisation de manière à rendre celle-ci mieux adaptée à un contexte de compétitivité.

2.1.3   Définition de l'outil AMDEC

L'AMDEC est une technique d'analyse rigoureuse de travail en groupe, très efficace par la mise en commun de l'expérience et de la compétence de chaque participant du groupe de travail. Cette méthode permet de ressortir les actions correctives à mettre en place. Elle consiste à identifier, au niveau d'un système ou d'un de ses sous-ensembles, les modes potentiels de défaillance de ses éléments, leurs causes et leurs effets.

Il existe plusieurs types d'AMDEC :

1) L'AMDEC fonctionnelle : permet, à partir de l'analyse fonctionnelle, de déterminer les modes de défaillances ou causes amenant à un événement redouté.

2) L'AMDEC produit : permet de vérifier la viabilité d'un produit développé par rapport aux exigences du client ou de l'application.

3) L'AMDEC processus : permet d'identifier les risques potentiels liés à un procédé de fabrication conduisant à des produits non conformes ou des pertes de cadence.

4) L'AMDEC moyen : permet d'anticiper les risques liés au non fonctionnement ou au fonctionnement anormal d'un équipement, d'une machine.

5) L'AMDEC flux : permet d'anticiper les risques liés aux ruptures de flux matière ou d'informations, les délais de réaction ou de correction, les coûts inhérents au retour à la normale.

Pour garantir un résultat acceptable, la réalisation d'une AMDEC doit avant tout s'inscrire dans une démarche d'analyse du système. En effet, celle-ci aura permis d'identifier les fonctions, les contraintes d'utilisation et d'environnement, les paramètres critiques à mettre sous contrôle et sur lesquels les analyses type AMDEC porteront. Ainsi le périmètre sur lequel l'AMDEC doit être réalisée sera identifié.

Une fois ce périmètre établi, on identifie de manière systématique les modes de défaillances potentielles. On peut se baser sur l'expérience acquise ou, selon les domaines, sur des référentiels définissant les modes de défaillance « type » à prendre en compte.

Ensuite, on identifie pour chaque mode de défaillance :

- Ses causes
- Son indice de fréquence (F)
- Ses effets
- Son indice de gravité (G)
- Les mesures mises en place pour détecter la défaillance
- Son indice de détection (D)

En associant à chaque mode de défaillance ses indices, on calcule le Indice IPR (Indice de Priorité du Risque) ou en Anglais RPN (Risk Priority Number) : IPR = F × G × D qui permettra de hiérarchiser les défaillances, et de comparer celles dont le niveau de criticité est supérieur à une limite constante et caractéristique du dispositif considéré.

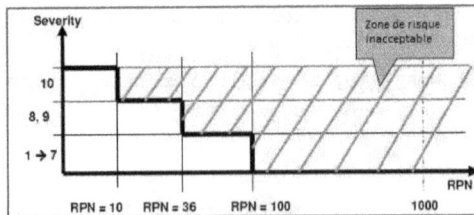

Figure 2-1 : Evolution IPR en fonction de la gravité

2.2 Mode de fonctionnement et de montage de la lampe :

2.2.1 Description de la lampe

Les lampes utilisées sont des lampes de type « wedge lamp » (12V, 1.28 W), elles sont très utilisées dans le domaine de l'automobile. Ces lampes se composent de deux grandes parties :

- Une partie supérieure : qui est une ampoule en verre ou baigne un gaz inerte. A l'intérieur de cette ampoule se trouvent aussi le filament qui est relié à deux fils conducteurs qui permettront l'excitation du filament.

- Une partie inférieure : aussi dite culot de la lampe. Dans d'autres technologies cette partie serait une douille mais pour notre cas le culot est rectangulaire, avec une partie bombée au milieu. Il comporte aussi deux pins diamétralement opposées, reliées aux fils conducteurs de la partie supérieure. Ces deux pins permettront l'alimentation des fils conducteurs et par suite l'éclairage de la lampe.

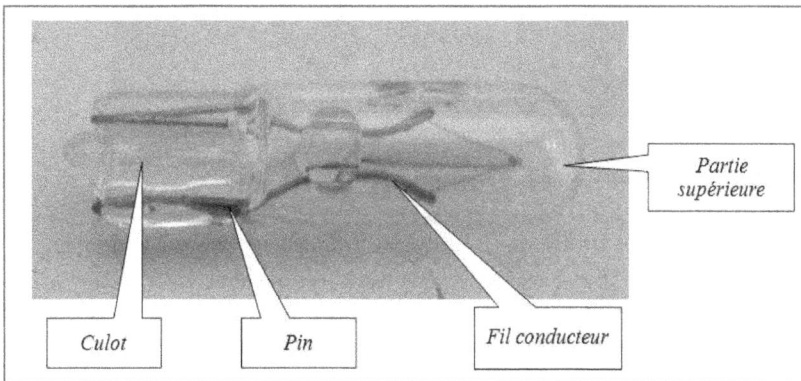

Figure 2-2 : Description de la lampe Oshino

Dans les produits KN, pour alimenter cette lampe on utilise deux languettes qui seront montées sur le boitier.

2.2.2 Processus de montage lampe sur les produits KN :

Pour décrire le processus de montage de la lampe, on considérera la référence A14394 puis qu'elle est la référence la plus demandée sur la ligne.

Chaque pièce de cette référence nécessite un ensemble de composants à assembler.

Dans ce tableau, on étalera les composants de ce produit fini :

	Languettes lampe	Basculeur	Boitier	Lame lavée	lampe	languette
A14394	2	1	1	1	1	1

Tableau 2-1 : Composants nécessaires à l'assemblage de la référence A14394

Le mode opératoire de l'assemblage du produit fini comporte deux étapes, puisque ce poste est jumelé. En effet, le plateau inférieur de la presse utilisée contient quatre empreintes deux à deux similaires. Les deux empreintes arrières (de type A) servent chacune à monter les languettes lampe et la languette lavée. Les deux empreintes placées en avant (de type B) servent quant à elles à monter le basculeur et la lampe.

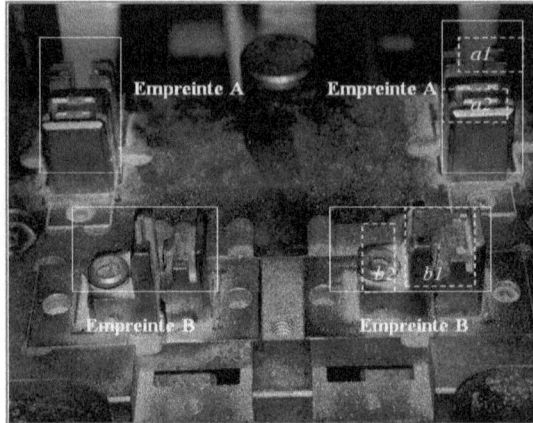

Figure 2-3 : Plateau inférieure de la presse du poste de montage

2.2.2.1　Première phase d'assemblage :

1) Prendre et insérer deux languettes lampes dans chaque emplacement a_1 de chaque empreinte d'arrière.

2) Prendre et insérer une lame lavée dans l'emplacement a_2 de chaque empreinte d'arrière

3) Vérifier que les lames et languettes sont bien positionnées

4) Prendre et insérer un boîtier dans chaque empreinte d'arrière A.

5) Vérifier le bon positionnement du boîtier

6) Appuyer sur bi manuel de la presse

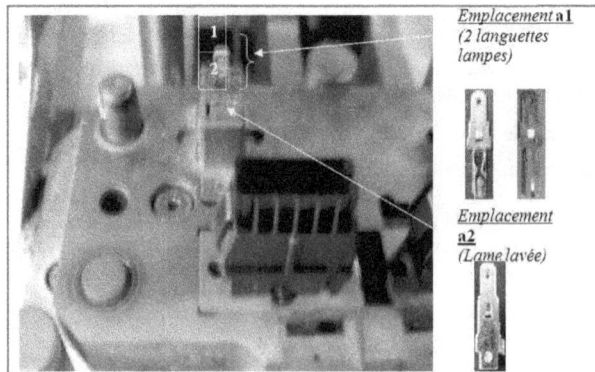

Figure 2-4 : Description de la première phase d'assemblage.

34

A la fin de cette phase d'assemblage, on aura deux boitiers comportant chacun deux languettes lampe et une lame lavée.

Figure 2-5 : languette lampe

1. Deuxième phase d'assemblage :

2) Prendre deux basculeurs

3) Prendre deux languettes

4) Assembler chaque basculeur avec la languette

5) Insérer dans l'emplacement b1 de chaque empreinte d'avant (Figure 2.5).

6) Prendre et insérer une lampe dans l'emplacement b2 de chaque empreinte d'avant (figure 2.5)

7) Transférer les boîtiers équipés de chaque empreinte d'arrière A (a1+a2) vers chaque empreinte d'avant B (b1+b2)

8) Vérifier que la position de la lampe est à l'envers

9) Appuyer sur bi manuel de la presse

Figure 2-6 : Basculeur monté avec languette

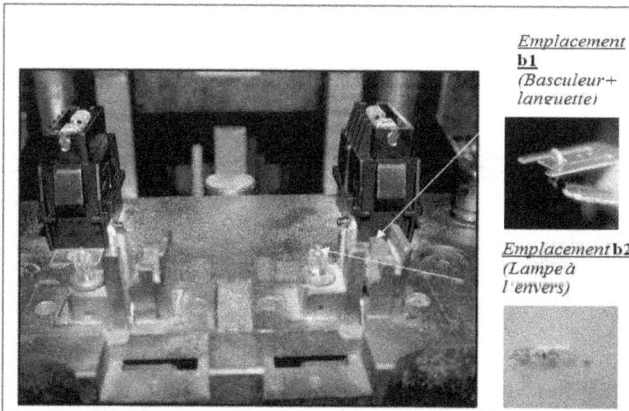

Figure 2-7 : Description de la deuxième phase d'assemblage

Après ces deux phases d'assemblage nous aurons un produit fini contenant un ensemble de deux languettes lampes, un ensemble basculeur et une lampe.

2.2.3   Assemblage lampe et languettes :

Dans cette partie, on essayera d'expliquer le mécanisme d'assemblage lampe avec ses languettes. Les languettes sont montées en parallèle dans leurs logements du boitier, ensuite la lampe est plongée entre les deux languettes. Pour assurer la fixation de la lampe dans son logement, il faut que le site d'accrochage ou l'encoche de la lampe épouse la forme courbée de la languette. Pour garantir l'alimentation des fils conducteurs de la lampe, il faut que les pins de cette dernière touchent les deux languettes au niveau de ses lames.

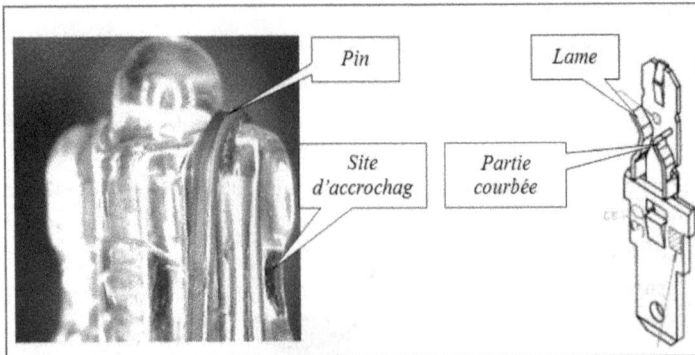

Figure 2-8 : Montage lampe et languette.

2.2.4   Analyse des pièces mauvaises :

En premier lieu, nous vons procédé à la récupération de toutes les pièces mauvaises journalières pendant deux semaines afin de se familiariser plus avec le problème, avoir une idée exacte sur le taux de PPM sur la ligne et établir la typologie des défauts. L'analyse dans le laboratoire s'effectuait à l'aide d'une binoculaire qui permettait de voir les pièces de l'intérieur et de déterminer tous les types de défauts et par suite préparer les mesures à vérifier.

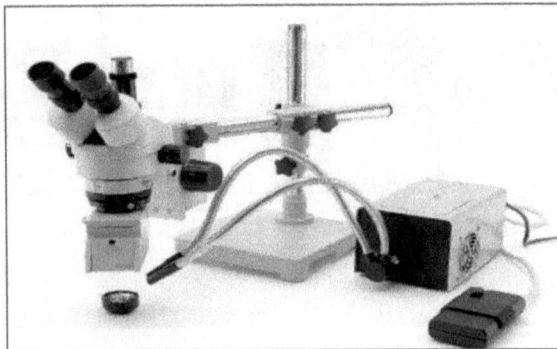

Figure 2-9 : binoculaire utilisée pour l'analyse des défauts

L'analyse ainsi réalisée a abouti à une classification des défauts selon trois types :

- Pin de la lampe décalée (ne touchant pas la lame de la languette).
- Lampe trop enfoncée dans son logement.
- Lampe mal orientée dans son logement.

Le premier type de problème a été le type le plus récurrent, pratiquement toutes les pièces mauvaises avaient la pin ne touchant pas la lame de la languette. Ceci peut expliquer la perte d'éclairage des interrupteurs mais le vrai problème était de chercher la cause de cette perte de contact.

Figure 2-10 : Premier type de défaut

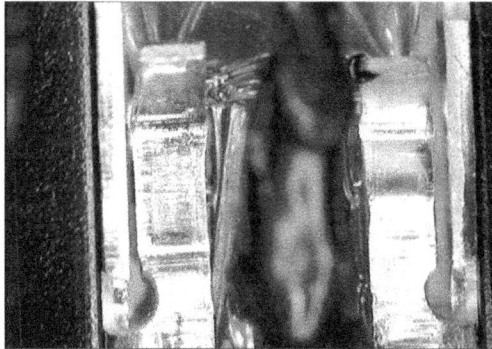

Figure 2-11 : Lampe trop enfoncée dans son logement

2.2.4.1   FTA élaborée pour le problème d'insertion lampe :

L'approche qu'on adoptera pour développer la FTA de ce problème consiste à étaler toutes les causes susceptibles d'être à l'origine du problème et on procèdera à la validation de ces doutes grâce notamment à des essais.

L'élaboration de la FTA prendra en considération quatre facteurs (4M) :

- Le facteur méthode : dans ce facteur intervient la procédure de l'assemblage de la pièce.
- Le facteur matériel : englobe tous ce qui est en rapport avec la conception de la pièce et les choix technologiques.

- Le facteur machine : ou intervient l'outillage utilisé

- Le facteur main d'œuvre : prendre en considération le mode opératoire des opératrices et les gestes susceptibles d'être en lien avec le problème.

2.2.4.1.1 Problèmes relatifs à la lampe :

Conformité des cotes clés de la lampe : En premier lieu, on a procédé à la vérification de la conformité de quelques cotes avec le data-sheet fourni avec la lampe.

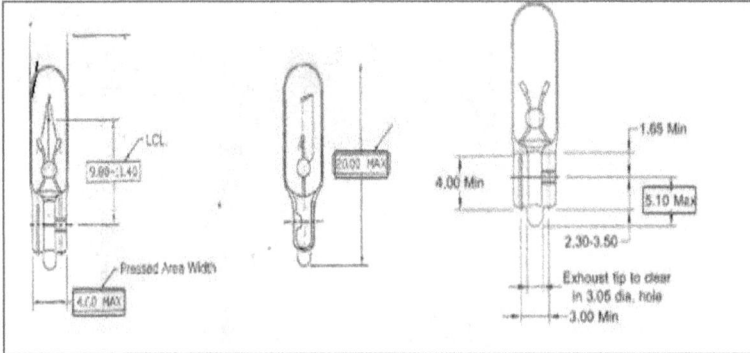

Figure 2-12 : cotes vérifiées sur la lampe

Afin de vérifier la conformité de ces cotes, on a procédé à une série de mesures sur un échantillon composé de cinq lampes :

	LAMPE 1	LAMPE 2	LAMPE 3	LAMPE 4	LAMPE 5
COTE 5.10 (MAX 5.10)	5,02	5,03	5,02	5,03	5,02
COTE 4.60 (MAX 4.60)	4,60	4,58	4,59	4,60	4,58
COTE 20.0 (MAX 20.0)	18,256	18,458	18,365	18,254	18,479

Tableau 2-2 : Métrologie échantillons lampes

Toutes les cotes vérifiées étant conforme, ce facteur est donc à écarter.

❖ Hauteur d'insertion de la lampe dans le posage :

En effet, puisque l'analyse primaire a montré un degré d'enfoncement différent de la lampe dans son logement entre une pièce mauvaise et une bonne, on a pensé à prendre ce facteur en considération. En plus, en comparant la hauteur d'insertion d'une lampe Oshino à une Osram, on a trouvé une différence de 1,57 mm.

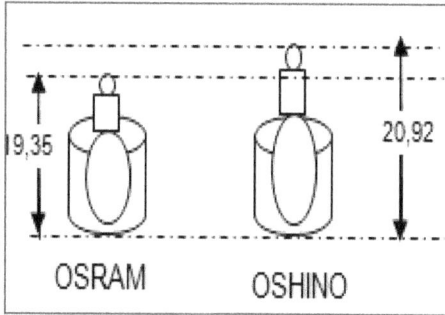

Tableau 2-3 : Différence de l'hauteur d'insertion lampe dans le posage

Ce facteur présente un doute, il est donc à retenir.

❖ Alignement des pins de la lampe :

Ce contrôle est effectué visuellement. Après l'apparition du problème, des mesures ont été prises dans ce sens :

Instauration d'un système de contrôle à la réception.

Modification de la méthode de conditionnement des lampes, en effet la réception des lampes a passé de sachets de 2000 unités à des petits cartons de 100 unités chacun. Formation de la main d'œuvre présente sur la ligne à vérifier l'alignement des pins de la lampe avant de les utiliser et de placer les lampes dont les pins ne sont pas alignées dans le bac rouge.

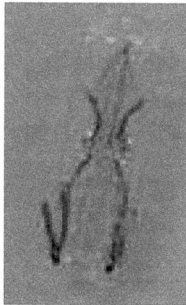

Tableau 2-4 : Exemple d'une lampe dont les pins sont non conformes

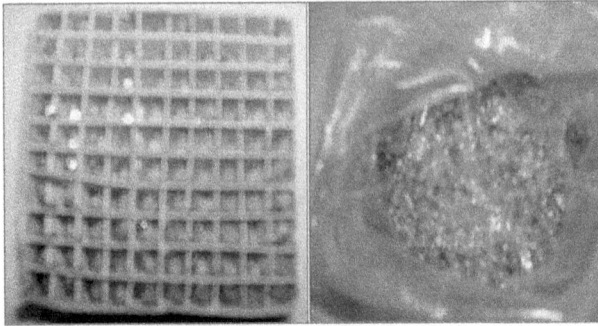

Figure 2-13 : Modification du mode de conditionnement de la lampe

2.2.4.1.2   Problèmes relatifs aux languettes lampe :

Dans ce cette partie on vérifiera toutes les causes possibles relatives aux languettes lampe puisqu'elles sont en lien directe avec le montage de la lampe dans le sous ensemble.

Conformité des cotes clés des languettes :

On a procédé à la vérification de la conformité de quelques cotes considérées clés avec le plan de la languette

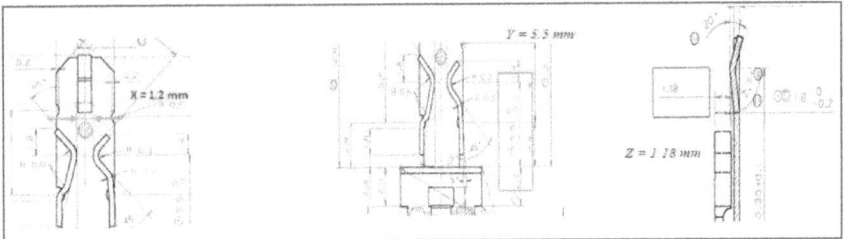

Figure 2-14 : cotes vérifiées sur les languettes nues

	LANGUETTE 1	LANGUETTE 2	LANGUETTE 3	LANGUETTE 4	LANGUETTE 5
COTE : 5.50 -0.1/0	5,45	5,45	5,45	5,45	5,46
COTE 1,2 ±0,1	1,21	1,21	1,25	1,21	1,22
COTE 1,18 ±0,1 (ZONE 1)	1,11	1,11	1,10	1,12	1,10
COTE 1,18 ±0,1 (ZONE 2)	1,21	1,19	1,16	1,20	1,16

Tableau 2-5 : Métrologie échantillons languettes

Il faut noter que la cote 1,18 $^{\pm0,1}$ a été mesurée au niveau de deux zones vu que la largeur n'est pas la même sur toute la longueur de la lame.

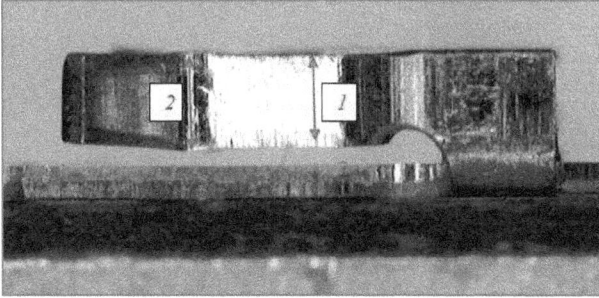

Figure 2-15 : Zones de mesure sur la lame de la languette

Malgré que la cote 1,18$^{\pm0,1}$ est conforme au plan de la languette, elle présente quand même un doute puisque la partie fonctionnelle de la lampe est la zone 1 (zone où est accrochée la lampe et où se fait le contact avec les pins de la lampe) est plutôt proche de la borne inférieure de l'intervalle de tolérance. Tout en sachant que sur plusieurs pièces mauvaises observées le pin de la lampe ne touche pas en totalité la lame de la languette, cette cote présente alors un doute.

Vu le rôle fondamental que jouent les languettes dans le montage de la lampe et afin de d'avoir plus d'idées sur la potentielle implication des languettes dans ce problème, on procédé à d'autre essais mais cette fois sur des languettes montées sur des pièces mauvaises.

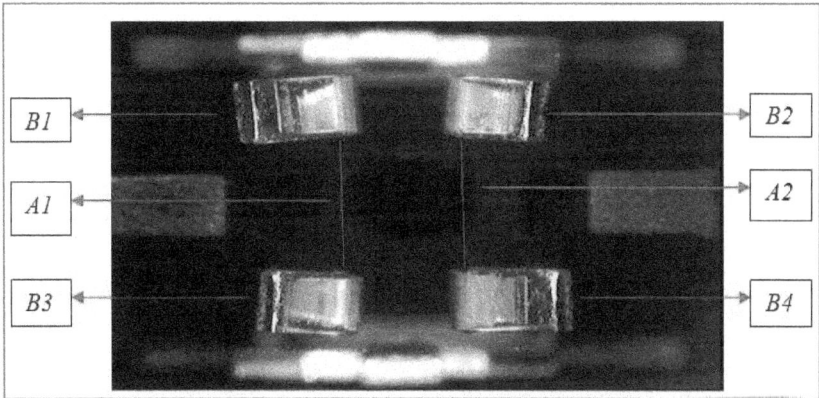

Figure 2-16 : cotes vérifiées sur pièces mauvaises

	Pièce 1	Pièce 2	Pièce 3	Pièce 4	Pièce 5	Pièce 6
A1 $(2,5^{\pm0,02})$	2,44	2,39	2,53	2,47	2,48	2,45
A2 $(2,5^{\pm0,02})$	2,31	2,37	2,53	2,45	2,55	2,39
B1 $(1,18^{\pm0,1})$	1,12	1,12	1,12	1,12	1,12	1,16
B2 $(1,18^{\pm0,1})$	1,10	1,08	1,09	1,11	1,09	1,08
B3 $(1,18^{\pm0,1})$	1,09	1,11	1,09	1,12	1,09	1,12
B4 $(1,18^{\pm0,1})$	1,11	1,12	1,13	1,11	1,12	1,13

Tableau 2-6 : Mesures prises sur pièces mauvaises

Toutes les mesures réalisées ne présentent pas de non-conformité, toutefois ces essais confirment l'hypothèse déjà établie précédemment, celle que la cote $1,18^{\pm0,1}$ présente un doute puisque dans ce cas aussi toutes ces pièces mauvaises présentent une largeur de lame qui tend vers la borne inférieure de l'intervalle de tolérance. Donc cette cote est à considérer comme une cause potentielle du problème. La figure 2.16 montre aussi que les lames ne sont pas alignées.

2.2.4.1.3   Problèmes relatifs au boitier :

On finit cette partie relative aux problèmes issus du matériel par le dernier élément constituant le sous-ensemble qui n'est autre que le boitier.

Le facteur qui nous a poussé à désigner le boitier comme cause potentielle est la facilité déconcertante avec laquelle on peut déloger la lampe. En effet, en consultant certaines pièces mauvaises renvoyées par Valeo Brésil, on constate que la lampe est totalement hors de son logement.

Figure 2-17 : Lampe totalement délogée d'une pièce mauvaise retournée par le client

Dans ce but, nous avons procédé à la vérification d'une cote clé dans le boitier qui est la largeur du site d'insertion lampe.

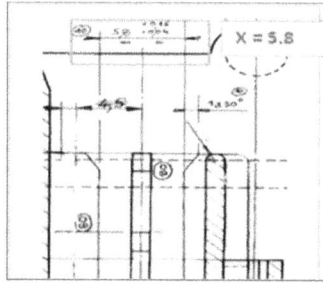

Figure 2-18 : cote à vérifier sur le boitier

	Pièce 1	Pièce 2	Pièce 3	Pièce 4	Pièce 5	Pièce 6
$5,8^{(+0.15/-0.04)}$	5,87	5,83	5,85	5,87	5,88	5,84

Tableau 2-7 : Mesures sur boitier

Toutes les mesures réalisées sont conformes, donc cette piste est à abandonner.

Avec les mesures réalisées sur le boitier, nous concluons l'analyse des facteurs matériels. De cette analyse on gardera que la lampe et le boitier ne se présentent pas comme des causes potentielles du problème d'insertion lampe et que pour l'instant la seule cause potentielle est la largeur de la lame de la languette. Les prochaines analyses nous permettront peut-être de découvrir d'autres facteurs.

2.2.4.1.4   Problèmes relatifs à la main d'œuvre :

Le deuxième facteur (des 4M) est la main d'œuvre. Pour pouvoir trancher sur l'implication ou pas de la main d'œuvre, il a fallu suivre les opératrices. La main d'œuvre joue un rôle primordial dans le processus d'insertion.

❖ Orientation de la lampe dans le posage :

Le problème majeur rencontré avec la main d'œuvre est l'orientation de 'insertion lampe dans le posage. En effet, certaines lampes sont insérées dans le posage non horizontalement, ce qui implique une mauvaise orientation lors du montage avec la presse.

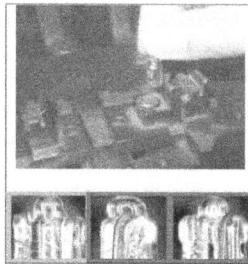

Figure 2-19 : Sens d'insertion lampe dans le posage

La détection dans la première analyse des pièces mauvaises de lampes mal orientées laisse penser que le sens de l'insertion de la lampe par la main d'œuvre peut être considéré comme une cause possible du problème.

Le problème de l'orientation lors de l'insertion est le problème majeur relatif à la main d'œuvre.

2.2.4.1.5   Problèmes relatifs à la machine :

Le troisième facteur à considérer dans cette analyse est le facteur machine. En effet, la presse utilisée pour le montage de la lampe est un modèle ancien datant des années 80. La force théorique délivrée par cette presse est de 600 daN et la force réelle est de 500 daN. La force délivrée par cette presse est à priori très élevée pour l'insertion lampe en plus les presses utilisées sur d'autre lignes ont des forces moins élevées. Donc le facteur presse peut être considéré comme cause potentielle du problème

Figure 2-20 : Presse utilisée pour le montage du sous-ensemble

2.2.4.1.6   Problèmes relatifs à la méthode :

Dans cette partie, on conclura la partie analyse FTA avec le dernier facteur des (4M), qui est la méthode. La détection des problèmes relatifs au processus nécessite une présence régulière sur la ligne.

❖ Problèmes relatifs au posage :

En effet, le posage joue un rôle fondamental dans le processus de montage du sous ensemble puisque c'est sur lui que sont insérés tous les composants. Si les parties du posage relatives aux languettes et au basculeur ne causeraient pas de problème, la partie relative à la lampe peut être source de problème. En effet, lors de l'insertion on constate que le jeu permis par le posage est considérable, ce qui permet à la lampe de tourner et par suite ne pas garder le sens initial de l'orientation convenue.

La consultation du plan initial du posage n'a fait que confirmer cette hypothèse puisque le diamètre conçu sur le posage est de 7mm tandis que le rayon de la partie supérieure de la lampe ne dépasse pas les 5 mm et comme la première analyse a montré que certaines pièces mauvaises avaient la lampe mal orientée, donc ce facteur est à prendre en considération comme cause potentielle du problème.

Figure 2-21 : Posage utilisé pour l'insertion lampe

❖ Conditionnement des produits finis :

Une autre source potentielle de ce problème d'insertion est le conditionnement des produits finis. En effet, la détection de pièces mauvaises chez le client directe malgré qu'elles aient passé les deux postes de contrôle sur la ligne avec succès a soulevé les problèmes du conditionnement et du transport. Si on considère les références sans touche qui sont conditionnées dans des barquettes de 80 unités. Ces barquettes contiennent chacune 40 alvéoles dont chacune de ces dernières contient deux pièces. L'état dans lequel est inséré une pièce finie peut être aggravé par le transport, c'est-à-dire que si une pièce dont la lampe est pas bien insérée mais a passé quand même le contrôle le transport fera en sorte que arrivée à destination, la pièce sera mauvaise, donc le conditionnement en lui-même n'est pas une source directe du problème mais il peut jouer un mauvais rôle si l'état du produit fini n'est pas conforme.

Figure 2-22 : Conditionnement de la référence sans touche (A14394)

Avec le facteur méthode, on arrive à terme de l'analyse FTA. Cet outil d'analyse très répondu nous a permis de désigner quelques facteurs comme sources possibles du problème, qui sont :

- Largeur de la lame de la languette non suffisante.

- Insertion lampe par la main d'œuvre non homogène.

- Posage utilisé non adéquat.

- Force délivrée par la presse utilisée trop élevée.

45

Avant d'aller chercher des solutions à ces problèmes, on utilisera avant d'autres outils d'analyse qui nous permettront soit de découvrir d'autres sources possibles, soit de confirmer ou infirmer les causes déjà établies précédemment.

2.2.4.2   Etude Benchmarking pour le problème d'insertion lampe :

Dans le contexte de ce problème, L'étude benchamarking développée est de type benchmarking interne. En effet, l'idée de cette étude vient du fait que le changement du fournisseur n'a pas inclus seulement la ligne KN mais aussi toutes les lignes faisant partie de l'UAP IPM RSA utilisant la technologie de la lampe et que ce changement n'a pas causé de problèmes sur les autres lignes ni était à l'origine d'une hausse du taux de PPM. Pour réaliser cette étude, on a choisi deux autres produits qui sont NP et VD dans le but d'élaborer une étude comparative produit et processus.

Le but de cette comparaison est de trouver toutes les différences ou similitudes processus et produit qui ont fait en sorte que la gamme Oshino soit acceptée dans toutes les lignes sauf pour les produits de la ligne KN.

Figure 2-23 : Les produits VD (à gauche) et NP (à droite)

2.2.4.2.1   Etude comparative produit :

	KN	NP	VD
Largeur du site d'insertion au niveau languettes	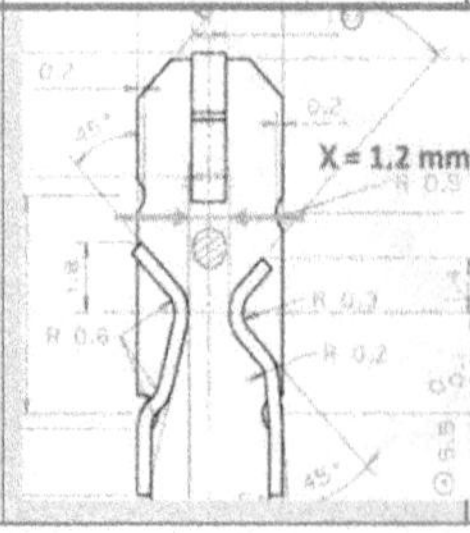 X = 1,2 mm	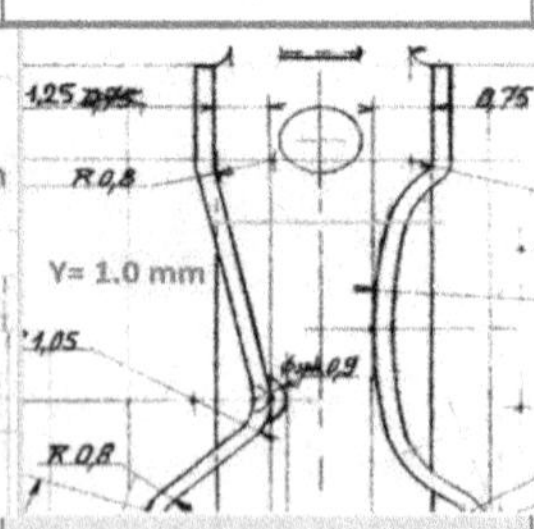 Y = 1.0 mm	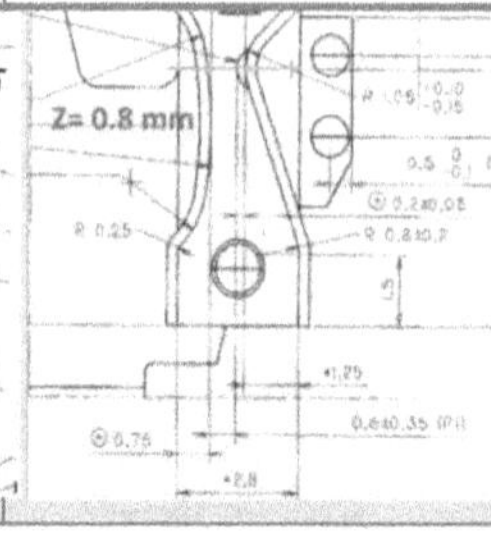 Z = 0.8 mm

Epaisseur du site s'accrochage	X=1.18	Y=1.15	Z=1.45
Matériau languette	Cu Sn3 Zn9	Bronze UE 329	Cu Sn3 Zn9 H13
Distance entre les deux languettes	X = 5.8	Y = 5.1	Z=5.1

Tableau 2-8 : Etude comparative produit (KN, VD et NP)

Cette étude comparative a confirmé l'hypothèse déjà établie dans la partie FTA qui est l'implication de la largeur de la lame de la languette vu que cette largeur diffère d'un design à un autre et qu'elle est la moins large dans le produit KN.

La nouveauté apportée par cette étude comparative est la confirmation d'une hypothèse écartée lors de la première analyse qui est l'implication de la largeur du boitier puisque dans le produit KN cette cote est égale à 5,8 mm tandis que pour les deux autres références cette cote est de 5,1 mm. Donc l'implication de cette cote refait surface et est à prendre en considération dans les causes potentielles du problème.

2.2.4.2.2 Etude comparative processus

	KN	VD	NP	CP B0	CP W84
Type d'insertion lampe	Insertion avec presse	Insertion avec presse	Insertion par un balancier (presse manuelle)	Insertion manuelle	Insertion assistée par un outil de montage
Etapes d'insertion	Poste d'insertion	Poste d'insertion	Montage sur deux postes	Poste d'insertion	Poste d'insertion

lampe	jumelé (languettes et lampe montés sur le même poste	jumelé (languettes et lampe montés sur le même poste	(poste pour languettes et un pour lampe) processus séparé	lampe séparé	lampe séparé
Posage utilisé pour l'insertion	Simple, présence juste d'un trou pour l'insertion permettant un jeu important de la lampe dans son logement	Plus développé présence d'éléments permettant une meilleure insertion (Poka-Yoke)	Similaire à la ligne VD, un posage avec d'éléments mécaniques permettant une meilleure insertion		
Etat de la presse utilisée dans l'insertion	Presse avec une force théorique délivrée assez haute (600 daN)	Presse avec une force théorique délivrée assez haute (600 daN) mais présence de deux amortisseurs dans les colonnes inférieures de la presse	Presse manuelle avec une force délivrée moins forte que pour VD et KN et présence de deux systèmes d'amortissement sur les colonnes inférieures du balancier.		

Tableau 2-9 : Etude comparative processus (KN, VD et NP)

Malgré l'utilisation du même type de lampes, le processus d'insertion est non homogène dans l'UAP ce qui soulève des questions sur la performance et la limite de chacun d'eux

Malgré que les presses utilisées dans les lignes VD et KN sont similaires (même force théorique délivrée), la pression qui atteint les produits VD est inférieure à celle des produits KN grâce aux deux amortisseurs présents sur les colonnes inférieures.

La comparaison des trois posages (KN, VD, et NP) montre que le posage utilisé sur la ligne KN est le seul qui présente une conception simpliste, c'est-à-dire dépourvu de tout élément mécanique permettant un meilleur guidage de l'insertion et une meilleure assurance de garder le sens d'insertion souhaité.

Si on récapitule, l'étude benchmarking interne établie a permis de confirmer des hypothèses déjà émises lors de l'analyse FTA à savoir :

- Largeur lame de la languette
- Posage dépourvu de Poka-Yoke
- Presse non adéquate pour l'insertion

Cette étude a permis aussi de désigner une autre source possible du problème à savoir le boitier utilisé. Cette cause initialement écartée refait surface grâce à cette étude comparative.

2.2.5   Mise à jour de l'AMDEC processus :

2.2.5.1   Mise à jour de l'AMDEC processus KN :

L'utilité de cette mise à jour de l'AMDEC est qu'elle a été réalisée en collaboration avec toute l'équipe, ce qui permettra d'avoir plus d'idées sur les défaillances possibles du processus et par suite décider sur les éventuelles causes et essayer d'y remédier.

	boiter non découpé	produit non classé	oubli opérateur	visuel	6	4	7	168		Mise en place d'un flash qualité pour le respect de one parts in flow				6	2	3	36			
										utiliser des goulottes de conditionnement										
Poste graissage et montage Touche	Defaut aspect touche	Incident client	Conditionnement en vrac	Visuel	6	3	8	144		prevoir touche conditionné en barquette				6	2	3	36	R	NA	NA
	Non maintien de la touche sur boitier	Defaut tactile	Clipsage Incomplet	Manuel/Visuel	6	3	6	108		assurer un clipsage complet du piston/touche				6	3	2	36			
	Manque point de graisse	Defaut tactile	Erreur opérateur	Manuel/Visuel	6	3	7	126		MEP d'un Flash Methode				7	2	2	28	R	NA	NA
	Excès de graisse	Pas de contact	quantité de graisse pose manuelle	Manuel/Visuel	7	3	6	126		MEP d'un système pneumatique pour determiner la quantité de graisse				7	2	2	28			
	Touche inversé	Touche bloquée	Erreur opérateur	Autocontrôle	7	2	2	28												
Contrôle Final et Conditionnement	Erreur contenu contenant	Incident client	Melange GALIA dans le même emplacement	Visuel	7	3	4	84		Mise en place d'un séquenceur sur la ligne	LOGIS	03/12/2007	S	7	2	4	56	R	NA	NA
										Mise en place d'une douchette pour lecture étiquette GALIA	INDUS	01/02/2008	E	7	2	2	28	R	NA	NA
	fonctionnement intermittent	disfonctionnement électrique	pas détection de microcoupure	électrique	7	1	4	28		MEP d'un système pivert				7	1	1	7			
	absence éclairage	défaut d'aspect	lampe égrasée	visuel	7	4	8	224		MEP d'un pivert										
	marquage illisible	perte de traçabilité	lettres de poinçon non alignées	visuel	3	2	8	48		mettre un goupille méthode				4	2	3	21			
	Presse	lampe trop enfoncée	absence de système d'amortissemnt	visuel																
	Presse	lampe trop enfoncée	Force appliquée par presse élevée	visuel																
	posage défaillant	mauvaise orientation lampe	jeu important sur posage	visuel	3	2	8													

Figure 2.23 : *Mise à jour AMDEC processus*

La mise à jour AMDEC a confirmé les hypothèses déjà établies par les premières analyses à savoir les potentielles implications de la presse et du posage dans le problème d'insertion.

Conclusion :

Après avoir analysé le problème d'insertion en utilisant différentes méthodes, on procédera dans ce qui suit à la recherche des solutions susceptibles de résoudre ce problème.

Troisième chapitre :
Solutions correctives proposées

3. TROISIEME CHAPITRE : SOLUTIONS CORRECTIVES PROPOSEES

Après avoir analysé le problème d'insertion lampe et décelé les causes possibles du problème, on va proposer dans ce chapitre des solutions correctives à ce problème, étudier leurs faisabilité et évaluer leurs efficacité.

3.1   Les sources de problèmes retenues :

Les causes possibles du problème dégagées à partir de la partie analyse sont :
- Largeur lame languette insuffisante : Cette cause a été justifiée par l'analyse FTA et l'étude Benchmarking

- Largeur site d'insertion dans le boitier trop large : Cette cause se justifie par l'étude Benchmarking

- Posage non adéquat à l'insertion : Cette cause tient sa légitimité par les analyses entreprises sur les pièces mauvaises.

- Processus non convenable à la nouvelle lampe : Cette dernière cause est justifiée par la non-homogénéité du processus d'insertion lampe dans l'UAP

Dans le traitement de ces causes on essayera de trouver les solutions les plus adéquates, les plus efficaces et surtout les plus rentables économiquement.

3.2   Modifications produit/processus :

Toute modification sur un produit ou un processus existant doit suivre une démarche comportant neuf étapes bien définies afin d'inclure toutes les partie impliquées et de garantir les meilleurs résultats possibles.

Cette démarche établie par Valeo nécessite une très longue période pour l'appliquer et vu que la période du projet est relativement courte par rapport à la période que nécessite cette démarche, on n'a pas pu aller jusqu'au bout de cette démarche.

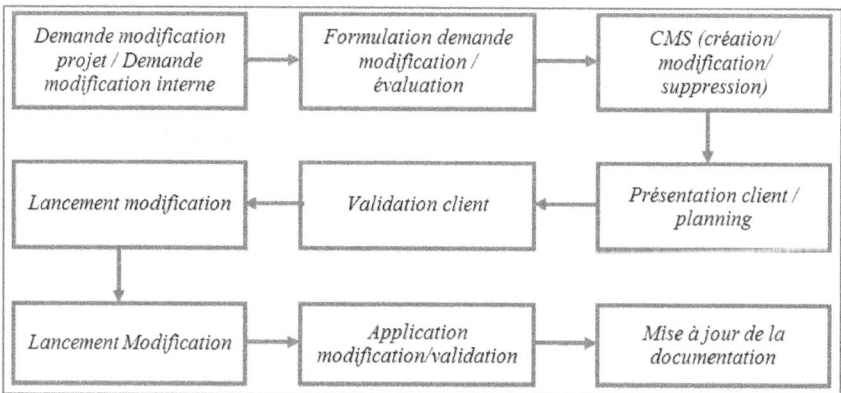

Figure 3-1 : Démarche Valeo pour la modification produit/processus

53

Cette démarche inclut toutes les parties concernées par cette modification (Responsable P0, production et le client) et nécessite un suivi régulier et une validation de chaque étape franchise.

❖ Explication de l'étape CMS :

La procédure CMS (Création/Modification/Suppression) consiste à suivre les différentes phases de toute modification concernant un produit ou un processus. Elle peut être résumée comme étant l'étape d'essai de toute modification au niveau de Valeo (niveau local) avant d'être présentée au client ou au demandeur de modification.

Ses différentes phases sont :

1) Émission CMS + suivi lors des réunions hebdomadaires

2) Diffusion du plan d'action + rapport de suivi

3) Validation composant fournisseur

4) Préparation prototypes

5) Lancement JPC (Journée Pleine Cadence)

6) Validation et décision

7) Définition date d'application → Production série

Les solutions proposées par la suite pour le problème d'insertion lampe se baseront essentiellement sur cette partie de la démarche modification produit/processus.

Après avoir expliqué la démarche Valeo dans les modifications produit/processus, on passe maintenant à développer les solutions proposées.

3.3   Solutions correctives proposées :

Les solutions qu'on développera dans la suite traiteront une à une les causes déjà désignées précédemment. On essayera de développer et de tester les solutions d'une façon ascendante, c'est-à-dire qu'on cherchera en premier lieu les solutions les plus intuitives et en fonction de leurs efficacité on décidera de les garder ou d'aller chercher une solution plus compliquée.

3.3.1   Modification de la largeur du boitier :
Cette modification parait comme étant la solution la plus facile à réaliser. Elle a été justifiée par l'étude benchmarking. Une modification sur le boitier nous permettra d'assurer un meilleur placement de la lampe dans le logement puisque certaines pièces mauvaises comportaient une lampe complètement délogée et aussi d'augmenter la probabilité que les pins de la lampe touchent la lame des languettes. Afin de valider cette solution, il faut établir une étude de chaine de cotes permettant de définir la marge de modification qu'on aura. Après observation, la seule contrainte qu'on aura est la partie bombée qui existe sur le culot de la lampe. En effet, en diminuant la largeur du boitier, on risque que les lames des languettes percutent cette partie bombée ce qui impliquera la détérioration de la lame de la languette.

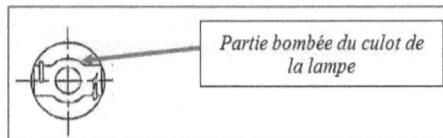

Figure 3-2 : Partie bombée du culot de la lampe présentant un risque

3.3.1.1   Calcul de chaine de cotes :

Afin de s'assurer de la validité de cette démarche, ce calcul se fera en utilisant les cotes prises des plans produits et aussi en utilisant des cotes pratiques relevées sur des échantillons de 30 pièces. Ce double calcul nous permettra d'avoir des résultats plus fiables.

❖ Largeur couverte par les pins avec la cote actuelle 5,8 :

Pour pouvoir réaliser un calcul bien clair, on a réalisé ce schéma explicatif du sous-ensemble. En noir sont représentées les languettes montées sur le boitier, en bleu est représentée la lampe avec sa partie bombée au milieu et en fin les pins de la lampe sont en rouge. Ce calcul primaire servira à localiser les pins de la lampe par rapport aux lames des languettes.

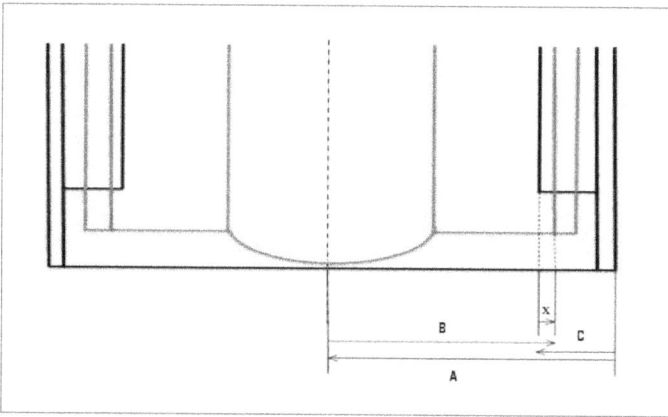

Figure 3-3 : Schéma du sous ensemble utilisé pour le calcul de chaine de cotes

Puisque le montage présente une symétrie par rapport au milieu de la partie bombée de la lampe, notre calcul sera établi sur la moitié du sous-ensemble.

	Cote A	Cote B	Cote C
Cote théorique max	(5,95 /2) = 2,975 mm	(3,00/2) = 1,5 mm	1,8 mm
Cote théorique min	(5,76/2) = 2,88 mm	(3,00/2) = 1,5 mm	1,6 mm
Cote pratique max	(5,93/2) = 2,965 mm	(3,24/2) = 1,62 mm	1,722 mm
Cote pratique min	(5,81/2) = 2,905 mm	(3,04/2) = 1,52 mm	1,643 mm

Tableau 3-1 : Cotes théoriques et pratiques utilisées dans ce calcul

✓ Calcul théorique :

$X_{min} = - (2,975 - (1,5 + 1,6)) = 0,125$ mm

X_{max} = - (2,880 – (1,5+1,8)) = 0,42 mm

La cote théorique est : $X= 0,3^{-0,175/+0,12}$ *mm*

Donc la couverture maximale théorique qu'on a actuellement est de 0,42 mm et le minimal est de 0,125 mm ce qui signifie qu'au meilleur des cas la pin de la lampe n'atteint pas le centre de la lame de la languette (cote 1,18).

  ✓ Calcul pratique :

X_{min} = - (2,965 – (1,5 + 1,643)) = 0,178 mm

X_{max} = - (2,905 – (1,62 + 1,722)) = 0,434 mm

La cote pratique est : $X= 0,3^{-0,122/+0,134}$ *mm*

Le calcul pratique vient confirmer le calcul théorique déjà établi, au meilleur des cas la pin n'atteint que 0,434 mm.

  ❖ Marge de modification possible du boitier :

Dans cette partie, on tiendra compte de la partie bombée de la lampe et ce pour voir la marge possible qu'on possède sans que la lame de la languette ne touche la partie bombée.

	Cote A	Cote B	Cote C
Cote théorique max	(5,95 /2) = 2,975 mm	(2,22/2) = 1,11 mm	1,8 mm
Cote théorique min	(5,76/2) = 2,88 mm	(2,2/2) = 1,1 mm	1,6 mm
Cote pratique max	(5,93/2) = 2,965 mm	(2,208/2) = 1,10 mm	1,722 mm
Cote pratique min	(5,81/2) = 2,905 mm	(2/2) = 1 mm	1,643 mm

Tableau 3-2 : Cotes théoriques et pratiques utilisées dans ce calcul

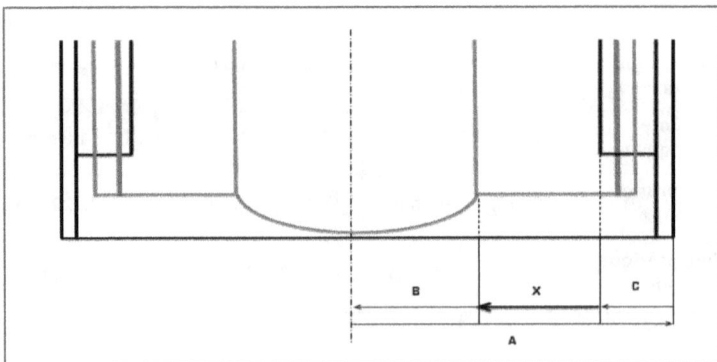

Figure 3-4 : Schéma du sous ensemble utilisé pour le calcul de la marge

✓ Calcul théorique :

$X_{max} = 2,975 - (1,6 + 1,1) = 0,275$ mm

$X_{min} = 2,88 - (1,8 + 1,11) = -0,03$ mm

La marge théorique est : $\mathbf{X = 0,1^{-0,13/+0,175}}$ **mm**

Ce calcul montre qu'au meilleur des cas nous avons une marge de manœuvre de 0,275 mm mais aussi qu'au pire des cas nous ne pouvons pas agir puisque la marge est négative.

✓ Calcul pratique :

$X_{max} = 2,965 - (1,643 + 1) = 0,322$ mm

$X_{min} = 2,905 - (1,722 + 1,1) = 0,086$ mm

La marge pratique est : $X = 0,1^{-0,014/+0,222}$ mm

La marge pratique maximale disponible est supérieure à la marge trouvée dans le calcul théorique et la marge pratique minimale est très infime (0,086 mm).

3.3.1.2   Décision prise vis-à-vis la modification :

Après consultation de ces résultats théoriques et pratiques, la décision était d'abandonner cette piste vu la marge de manœuvre que nous possédons est insuffisante. En effet, devant l'incapacité de réaliser un prototype avec une cote inférieure (cout élevé), on ne pouvait pas prendre le risque de demander cette modification de chez le fournisseur de boitiers.

3.3.2   Modification de la lame de la languette

La deuxième solution proposée est d'élargir la lame de la languette afin d'augmenter la probabilité que la pin de la lampe la touche. La contrainte qui existe dans ce cas est la même que précédemment, la partie bombée de lampe. Dans la suite on fera un calcul de chaine de cotes similaire à celui établi précédemment afin d'établir la marge dont on dispose.

3.3.2.1   Calcul de chaine de cotes :

Le calcul de chaine de cotes sera un calcul similaire à celui établi précédemment, on tiendra donc compte de la partie bombée de la lampe dans notre calcul.

	Cote A	Cote B	Cote C
Cote théorique max	(5,95 /2) = 2,975 mm	(2,22/2) = 1,11 mm	1,8 mm
Cote théorique min	(5,76/2) = 2,88 mm	(2,2/2) = 1,1 mm	1,6 mm
Cote pratique max	(5,93/2) = 2,965 mm	(2,208/2) = 1,10 mm	1,722 mm
Cote pratique min	(5,81/2) = 2,905 mm	(2/2) = 1 mm	1,643 mm

Tableau 3-3 : Cotes théoriques et pratiques utilisées dans ce calcul de lame

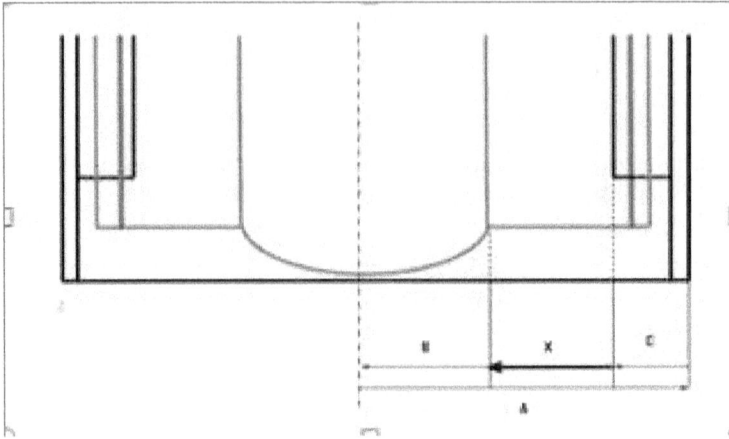

Figure 3-5 : Schéma du sous ensemble utilisé pour le calcul de la marge d'élargissement lame

✓ Calcul théorique :

$X_{max} = 2,975 - (1,6 + 1,1) = 0,275$ mm

$X_{min} = 2,88 - (1,8 + 1,11) = -0,03$ mm

La marge théorique est : $X = 0,2^{-0,203 / +0,175}$ mm

Théoriquement, on peut élargir la cote jusqu' ce qu'elle atteigne un maximum : 1,18+0,275 = 1,455 mm

Mais il faut aussi tenir compte du résultat négatif trouvé lors du calcul de la borne inférieure

✓ Calcul pratique :

$X_{max} = 2,965 - (1,643 + 1) = 0,322$ mm

$X_{min} = 2,905 - (1,722 + 1,1) = 0,086$ mm

La marge pratique est : $X = 0,1^{-0,014 / +0,222}$ mm

Pratiquement, on peut élargir la cote jusqu'à ce qu'elle atteigne un maximum : 1,18+0,322 = 1,502 mm

Et au minimum, la cote peut aller jusqu'à : 1,18+0,086 = 1,266 mm

3.3.2.2   Décision prise vis-à-vis la modification :

Après ces deux calculs pratiques et théoriques, la décision prise était de suivre cette modification. Les responsables Valeo ont contacté le fournisseur pour un devis de la modification largeur languette : la cote $1,18^{\pm0,01}$ mm devient $1,30^{\pm0,05}$ mm.

Cette modification couterait selon le fournisseur : **2850 €**. Ce chiffre a été considéré élevé par les responsables Valeo. Cette piste a été donc abandonnée puisque dans ce cas aussi la réalisation d'un prototype est difficile et on ne pouvait pas se permettre cette modification couteuse sans avoir testé son efficacité.

Après ces deux premières solutions relatives au produit en lui-même qui se sont avérées non concluantes, on passera à la recherche de solutions sur le processus de fabrication.

3.3.3 Conception d'un nouveau posage :

On attaque dans cette partie les modifications processus. On commencera en premier lieu par modifier le posage. En effet, on a vu dans la partie analyse que le posage était une cause potentielle du problème et ceci est due à sa conception permettant un jeu important de la lampe dans son logement, ceci amène les lampes à être mal insérées et ainsi causer la perte du contact pin-lame.

Figure 3-6 : Posage utilisé pour l'insertion lampe

On voit que ce posage manque cruellement d'éléments mécaniques permettant une meilleure insertion de la lampe. Donc les améliorations à apporter peuvent être sous forme de «Poka-Yoke».

3.3.3.1 Définition du terme « Poka-Yoke » :

Ce terme japonais, signifie "éviter (Yoke) les erreurs (Poka)". Cette approche accepte que « l'erreur est humaine » et qu'il est nécessaire d'inclure des dispositifs empêchant qu'elle n'engendre des défauts (la figure 3.7 présente le principe du Poka-Yoke). Le système anti-erreur doit privilégier la non production de défauts plutôt que leur détection.

Pour cela nous utilisons des dispositifs mécaniques intuitifs dont le but consiste à garantir à 100% le déroulement correct de l'opération : par exemple la mise en place d'une pièce sur un posage avec détrompeur, si la pièce n'est pas placée correctement, le système ne fonctionne pas.

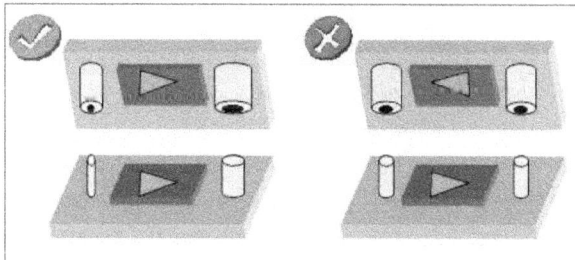

Figure 3-7 : Principe du Poka-Yoke.

3.3.3.2 Solution proposée :

L'objectif majeur du nouveau posage à concevoir est de permettre la bonne orientation de la lampe lors de l'insertion. Dans ce sens, l'idée était de garder la partie insertion basculeur intacte et d'ajouter un dispositif à la partie insertion lampe.

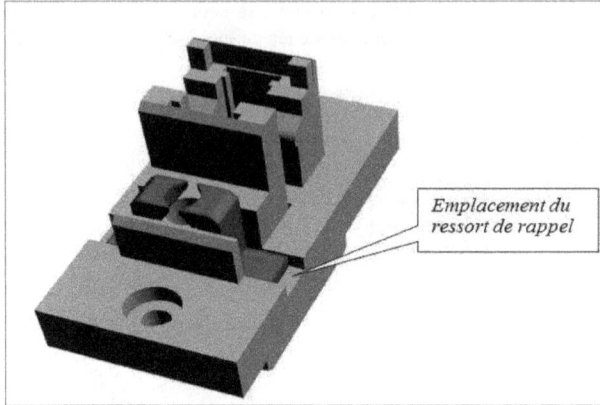

Figure 3-8 : Solution proposée pour le nouveau posage

La nouveauté aves ce posage est le système à deux lèvres qui a remplacé l'ancien emplacement d'insertion. Ce système a pour objectif d'empêcher la lampe d'être insérée dans un sens autre que celui souhaité. En effet la forme que fait l'ensemble des deux lèvres est très similaire au culot de la lampe, ce qui implique que la lampe ne pourra être insérée que si son culot épouse la forme générée par l'ensemble des deux lèvres. Aux deux lèvres seront associés deux ressorts de rappel placés sur les bouts des lèvres. Quand ces ressorts seront comprimés, ils laisseront place à l'opérateur pour placer la lampe dans n'importe quel sens et quand ils s'allongent, ils obligent le culot de la lampe de tourner et d'épouser la forme générée par cet ensemble.

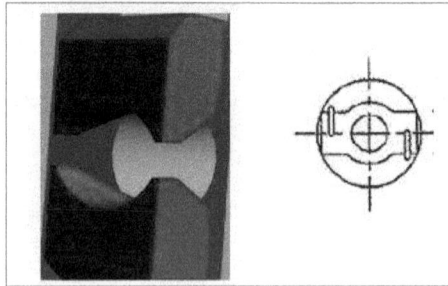

Figure 3-9 : Conformité de la forme du culot de la lampe et celle des deux lèvres

Dans ce qui suit est la mise en plan de ce posage ainsi que les lèvres d'indexage

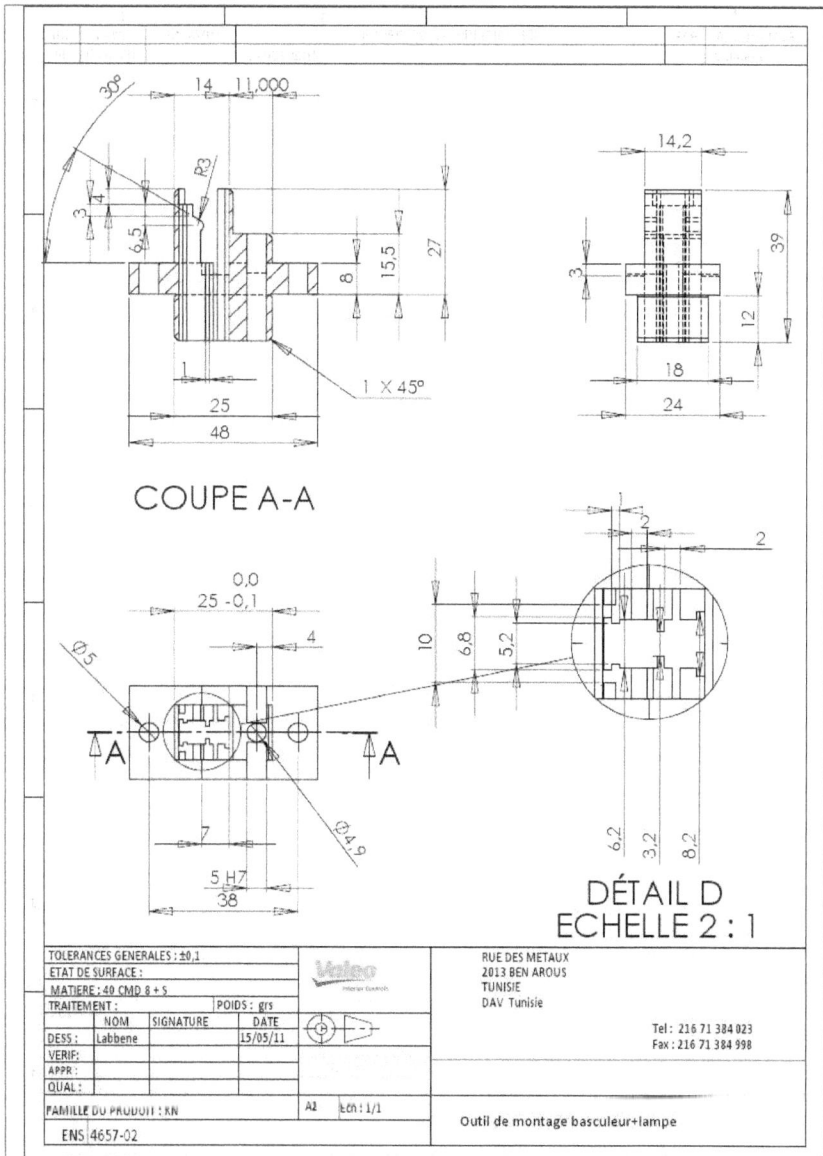

Figure 3-10 : Mise en plan nouveau posage

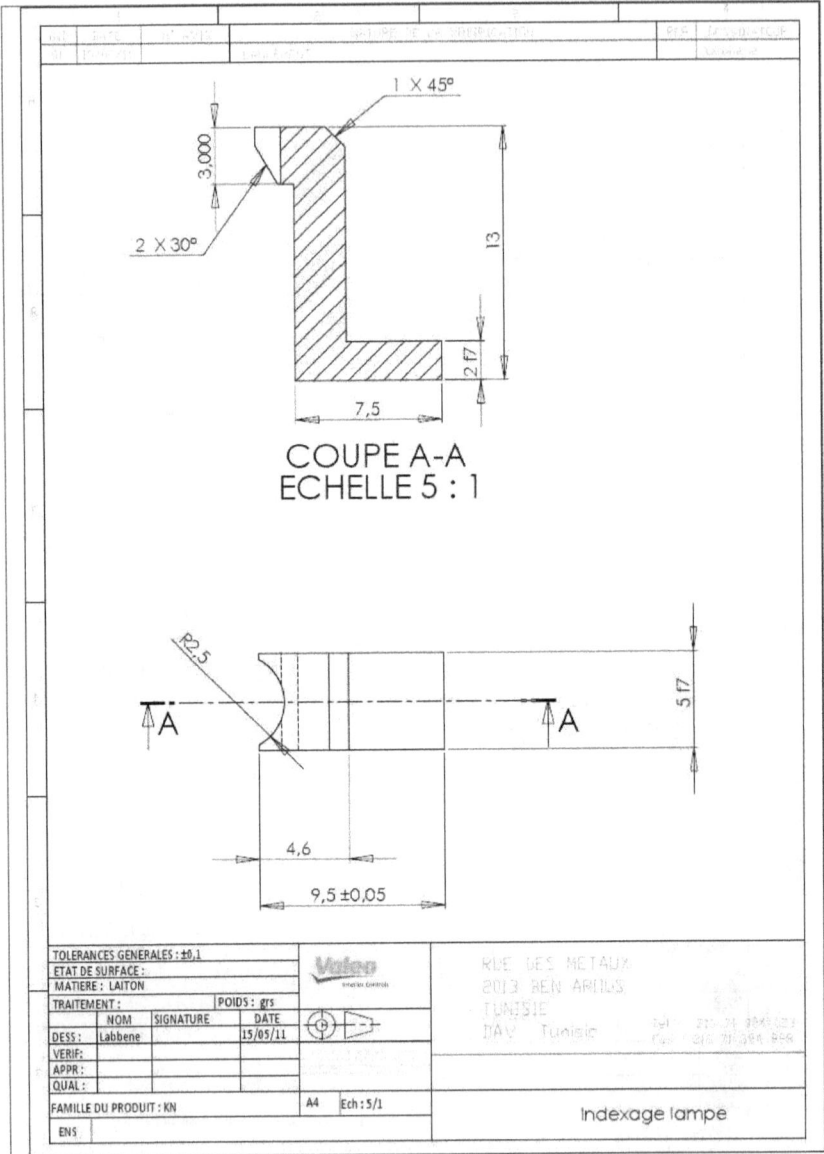

Figure 3-11 : Mise en plan indexeur lampe

3.3.4   Mise en place d'un nouveau poste de montage lampe :

Après le non aboutissement des solutions matériel (modifications languette et boitier) et la limite affichée du nouveau posage, on a eu recours à une nouvelle solution qui consiste à séparer le processus d'assemblage et mettre en place un nouveau poste d'assemblage. Ce nouveau poste nous permettra d'éviter l'utilisation de la presse actuelle qui s'avère être la source majeure du problème. Donc ce poste à mettre en place devra utiliser une force appliquée inférieure à celle utilisée actuellement. L'utilisation de ce poste manuel est justifiée par le faite que lors des retouches que réalisent les opératrices sur les pièces mauvaises, ils enlèvent la lampe et la remplacent manuellement ce qui corrige le problème, donc l'idée est donc de mettre en place un processus assez similaire à celui de la retouche.

Proposition d'un poste d'assemblage :

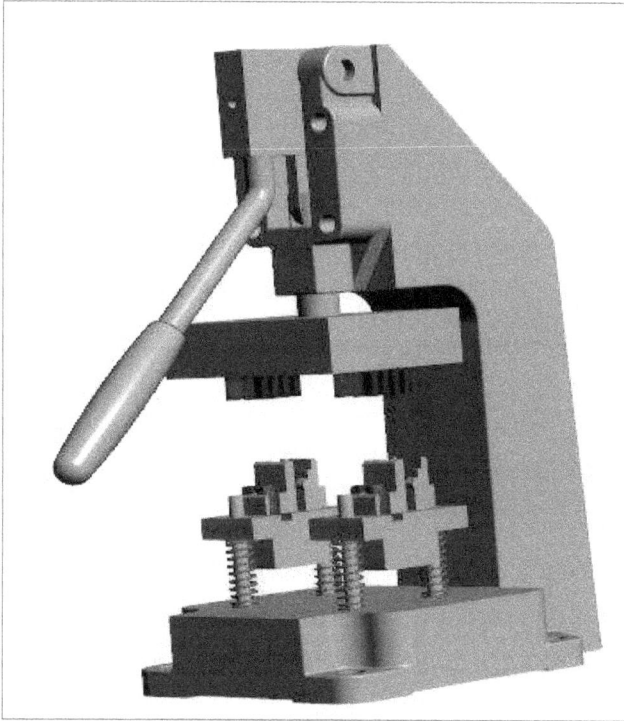

Figure 3-12 : Poste d'assemblage proposé

La presse manuelle utilisée contient deux posages de montage disposés similairement à ceux utilisés actuellement, mais on utilisera deux posages similaires à ceux conçus précédemment.

On utilisera aussi des systèmes d'amortissement sur les posages qui permettront une meilleure insertion de la lampe dans son logement.

Ce nouveau poste a la particularité de remédier à deux sources potentielles du problème qui sont :

- Posage : on utilisera un posage comportant un système de guidage lors de l'insertion

- Presse : une nouvelle presse manuelle avec une force appliquée moins faible

Cette solution est la solution la plus vouée à la réussite, puisque deux sources potentielles sont résolues.

Dans ce qui suit est la mise en plan des éléments utilisés dans ce poste de montage

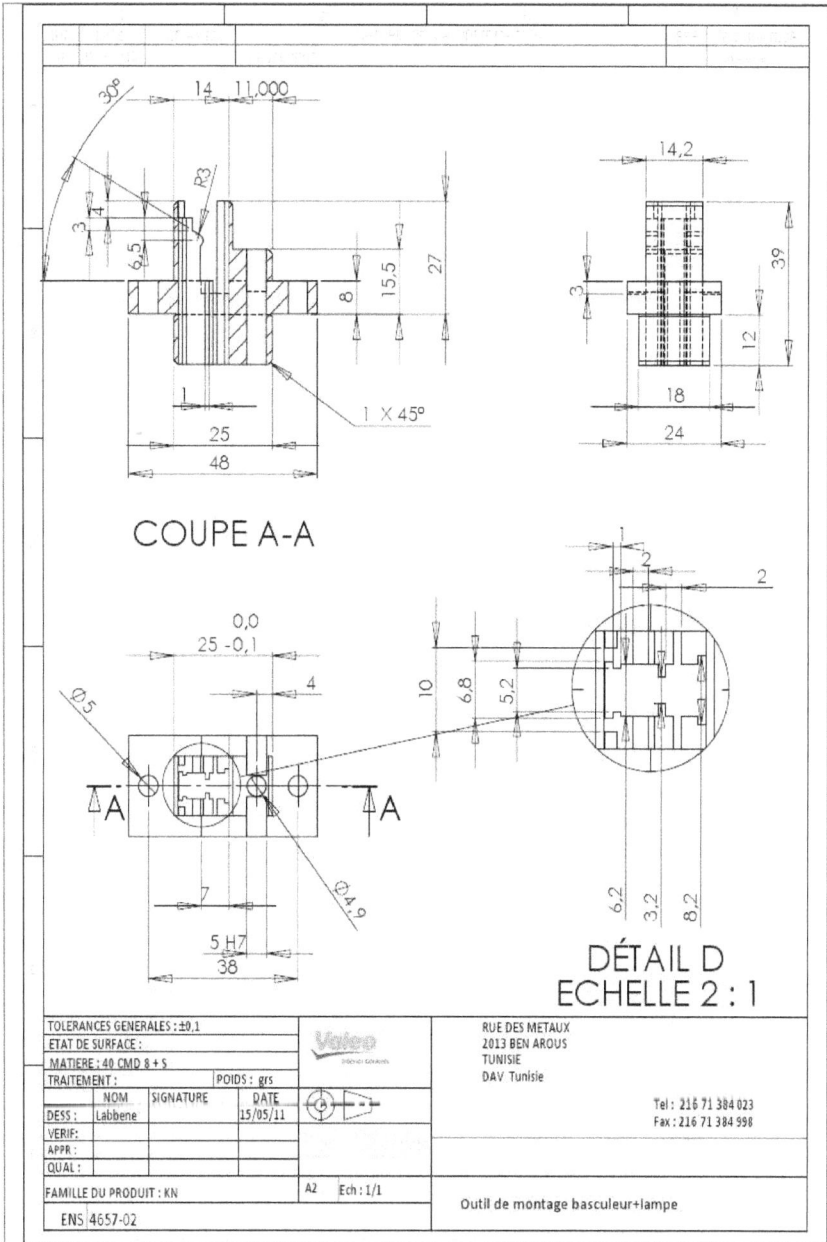

Figure 3-13 : Mise en plan posage

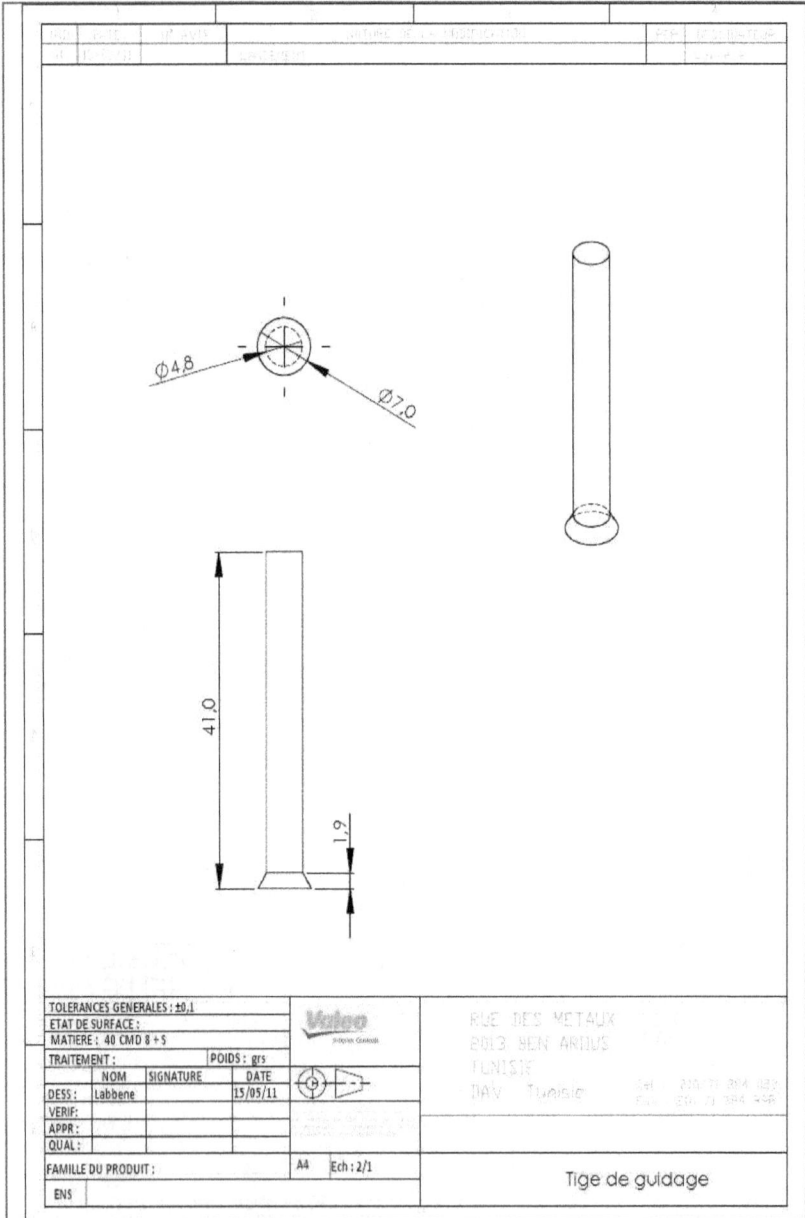

Figure 3-14 : mise en plan tige de guidage lampe

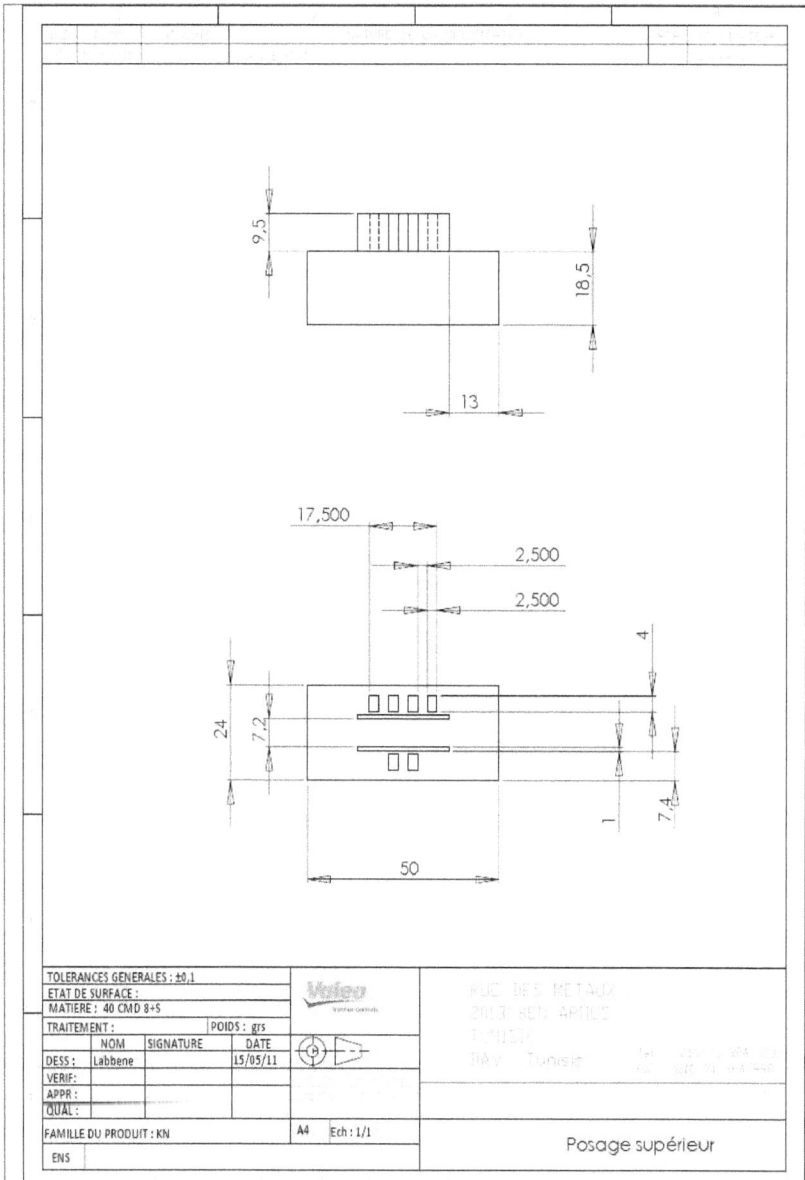

Figure 3-15 : mise en plan posage supérieur

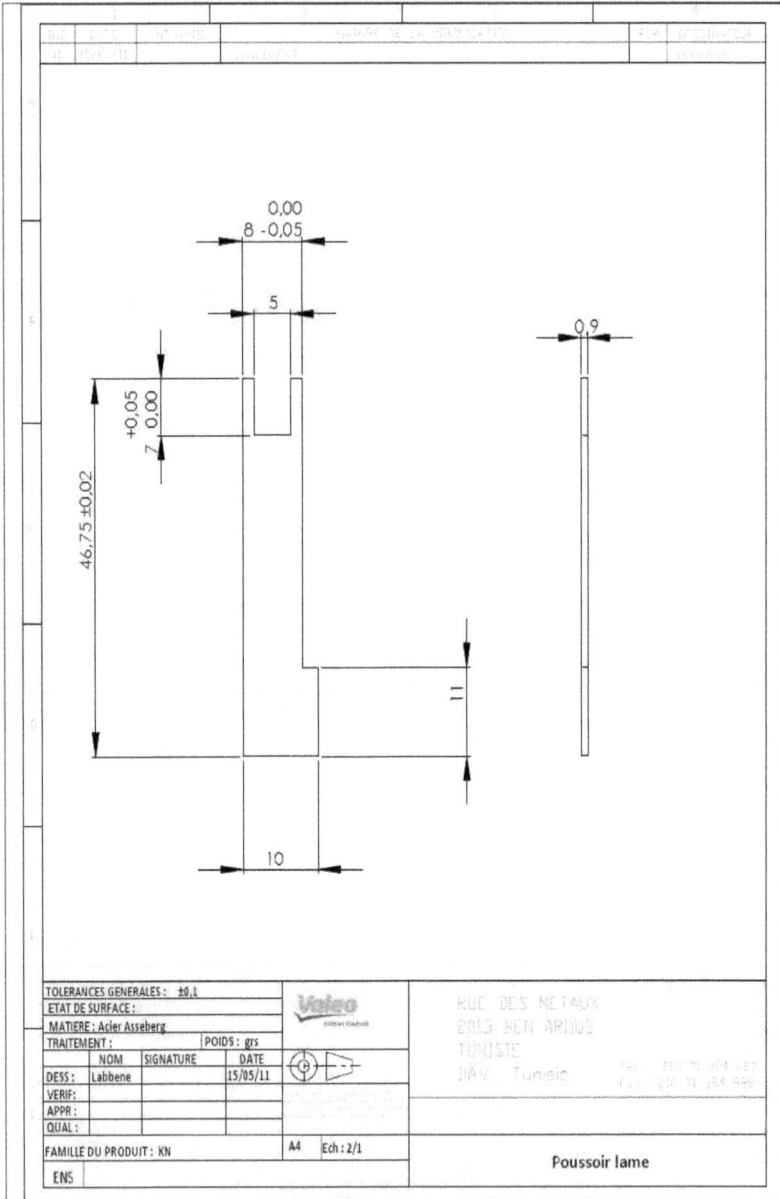

Figure 3-16 : Mise en plan posage supérieur

3.3.4.1   Contraintes sur la solution à lancer :

La majeure contrainte qui existe avec ce poste de montage est d'ordre économique. En effet, en séparant le processus on risque de perdre le temps de cycle de production ce qui impliquerai une chute dans la cadence de production journalière.

Avant de lancer cette solution, il faut donc prévoir l'impact de ce nouveau poste sur la cadence de production.

❖ Chronométrage des opérations actuellement réalisées :

Pour pouvoir calculer le temps de cycle actuel, on procédera à la décomposition des opérations en des opérations élémentaires :

1) Saisie des deux languettes lampes et insertion

2) Saisie languette double et insertion

3) Saisie de deux boitiers et insertion + appui sur presse

4) Assemblage des deux parties du basculeur et insertion

5) Saisie de deux lampes est insertion

6) Changement des deux premiers boitiers vers deuxième posage

Opération	1	2	3	4	5	6	7	8	9	10	Moyenne
1	6,75	6,38	6,45	6,23	6,89	7,03	6,43	6,87	6,09	6,74	6,58
2	4,03	4,23	4,56	4,87	4,65	4,33	4,89	1,76	4,65	4,21	4,51
3	2,69	2,72	2,38	2,65	2,33	2,74	2,03	2,45	2,76	2,37	2,81
4	3,89	4,34	3,90	4,07	3,70	3,93	4,23	4,21	4,10	3,79	4,01
5	2,08	2,96	2,54	2,76	2,65	2,35	2,21	2,12	2,43	2,22	2,43
6	1,89	2,32	2,21	2,12	2,34	1,54	1,98	2,12	2,04	2,12	2,06

Tableau 3-4 : Chronométrage des opérations en cours

Le temps de cycle moyen actuel est donc de : **22,4 secondes**.

La séparation des deux postes impliquera le transfert des trois dernières taches vers le nouveau poste d'assemblage.

Les différences qui existent entre les opérations actuellement réalisées et celles prévues avec le nouveau poste sont :

L'ajout d'une tache entre les taches 3 et 4 qui consiste à placer les produits semi finis dans un stock intermédiaire

Remplacement de la tache 6 qui consistait à transférer les deux boitiers vers les deux posages d'insertion par saisie de deux produits semi finis et les placer dans la nouvelle presse.

Pour avoir une idée sur le nouveau temps de cycle prévu avec cette modification, on a procédé au chronométrage d'opérations similaires sur la ligne de production NP où il existe un poste de montage similaire.

Les deux opérations chronométrées sont :

1) Placer deux boitiers dans un stock intermédiaire.

2) Saisi de deux boitiers du stock et déclenchement presse.

Opération	1	2	3	4	5	6	7	8	9	10	Moyenne
1		1,22	1,38	1,12	1,20	1,13	1,13	1,09	1,12	1,19	1,10	1,16
2		2,02	2,12	1,78	1,80	1,79	1,88	1,89	1,90	2,02	1,89	1,89

Tableau 3-5 : Chronométrage des nouvelles opérations.

Le nouveau temps de cycle moyen prévu est : **23,29 secondes.**

Donc, avec la mise en place de ce nouveau poste le temps de cycle augmentera de 0,89 dixièmes de seconde.

3.3.4.2   Proposition de modification du lay-out de la ligne :

La mise en place de ce nouveau poste de montage nécessite une modification du lay-out de la ligne. La modification proposée permettra d'instaurer un flux de travail meilleur et d'éviter au maximum les stocks intermédiaires.

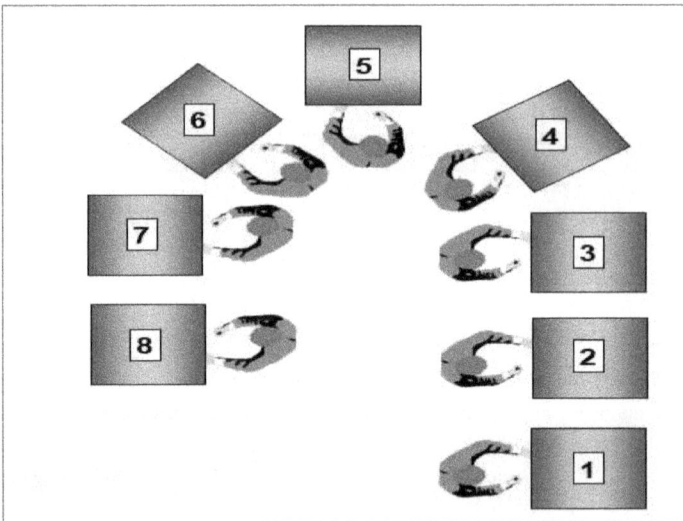

Figure 3-17 : Lay–out modifié de la ligne KN

- Le poste 1 initialement vacant sera consacré au montage ressort et graissage

- Le poste 2 sera consacré montage vignette + sertissage

- Le poste 3 sera consacré au montage lames sur boitiers à LED

- Le poste 4 sera le poste de coupe

- Le poste 5 sera le poste de soudure circuit sur boitier

- Le poste 6 sera occupé par la presse montage languettes.

- Le poste 7 sera occupé par le nouveau poste de montage lampe + basculeur

- Le poste 8 sera quant à lui le poste de contrôle + super contrôle.

Avec cette nouvelle disposition, les trois postes: montage languettes, montage lampe + basculeur et le poste de contrôle seront alignés ce qui nous évitera le stockage intermédiaire et garantira un flux de production plus intéressant.

3.3.4.3   Décision vis-à-vis cette solution :

Les responsables de l'UAP ont opté pour le lancement de cette solution puisque c'est la solution la plus vouée à la réussite vu qu'elle traite deux causes possibles du problème :

- Problème posage

- Problème presse

Malgré l'augmentation du temps de cycle de presque une seconde, cette solution reste quand même rentable vu qu'elle épargnera les pertes de temps sur les retouches réalisées actuellement sur la ligne.

Conclusion

Le projet qui nous a été proposé par Valeo faisait l'objet de la résolution du problème d'insertion lampe sur la ligne KN.

La première partie consistait à analyser de près la ligne d'assemblage KN-KZ. Ensuite on a introduit peu à peu le problème d'insertion lampe sur cette ligne et son impact économique.

La deuxième partie faisait l'objet d'une analyse approfondie du problème eu utilisant des outils d'analyse qualité tels que PDCA – FTA, benchmarking et AMDEC. Cette analyse avait pour finalité de désigner les causes possibles de ce problème et de les valider par une série de tests et de mesures.

Nous avons terminé le travail par la proposition de solutions correctives à ce problème. Ces solutions comportaient des modifications produit et des modifications processus. Les solutions proposées devaient de prendre en considération l'aspect efficacité et l'aspect économique.

Bibliographie

1) http://fr.wikipedia.org/wiki/Analyse_des_modes_de_d%C3%A9faillance,_de_leurs
   _effets_et_de_leur_criticit%C3%A9

2) http://ovaisman.online.fr/dossiers/Dossier-Benchmarking-internet.pdf

3) http://en.wikipedia.org/wiki/Root_cause_analysis

Annexe 1 : posage actuellement utilisé

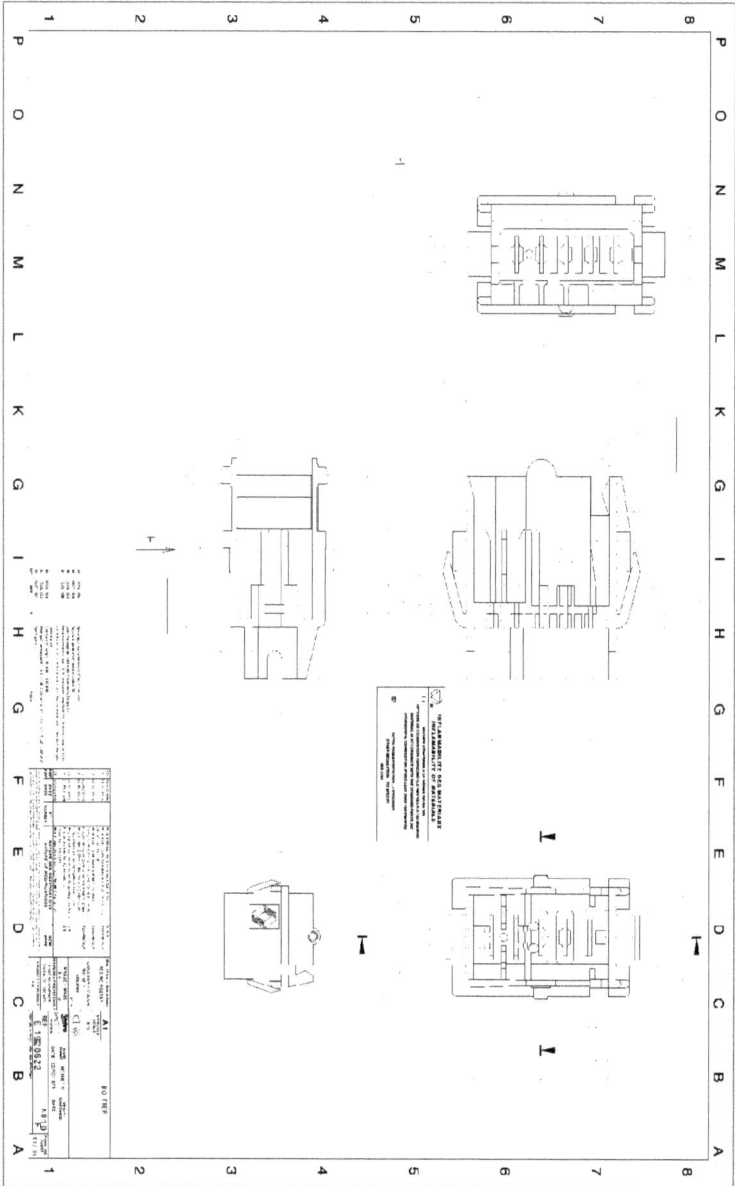

Annexe 2 : plan boitier

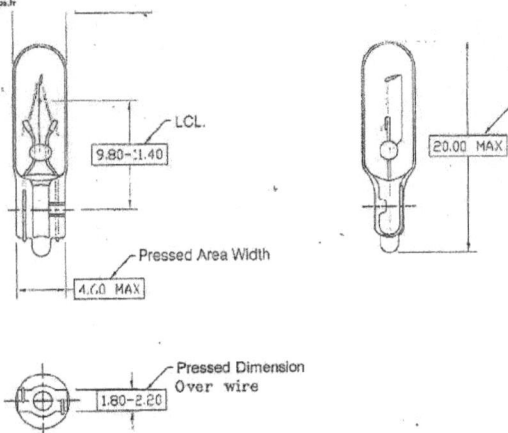

OSHINO LAMPE FRANCE

Téléport, Zone tertiaire Pyrène Aéro Pôle
65290 JUILLAN
Tél. : 05 62 32 63 63
Fax : 05 62 32 63 65
E-mail : info@oshino-lamps.fr
www.oshino-lamps.fr

LCL.

9.80-11.40

20.00 MAX

Pressed Area Width

4.00 MAX

Pressed Dimension
Over wire

1.80-2.20

ITEM:	T-1 ½ 12V1.28W , Wedge Lamps
YOUR PART NO.:	-
OUR PART NO.:	286A
DESIGN VOLTS:	13.5 V
DESIGN AMPERES:	95 mA ± 15%
M.S.C.P.:	0.556 CP ± 15%
FILAMENT SHAPE:	C-2V
BULB DIAMETER:	Φ 5.0 mm. Max.
LIFE GUARANTEED:	1,300 HOURS MIN
DIMENSIONS:	REFER TO THE DRAWING ATTACHED
QUANTITY:	100 PIECES

7

Annexe 3 : premier plan lampe

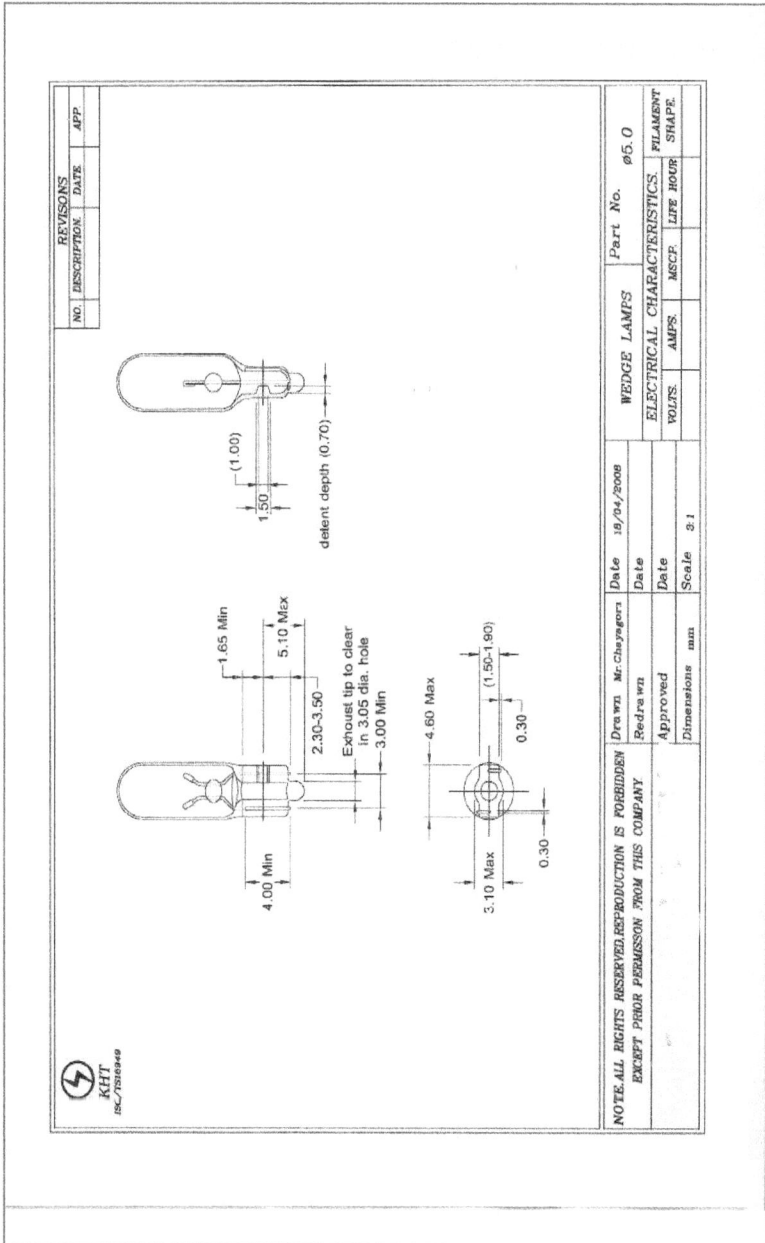

Annexe 4 : deuxième plan lampe

Annexe 5 : plan languette

Annexe 6 : FTA

	ANNEXE 3		
Valeo	**RAPPORT D'ESSAIS**		
	N° d'enregistrement : 21220	Date :	09/12/2009

Demandeur :	Elhallek Nourreddine	⊘ S☐ R☐ FF/IFF ■	Nombre de pièces :	6
Service :	PO IPM	Date demande : 09/12/2009	Nombre d'empreinte :	6
Désignation :	S/E fond+longuette	Famille : KN	Plan N°:	
Reference pièce:		Fournisseur :	Norme N°:	
N° Lot :		Gamme de contrôle N°:	Date :	
Pièce : Nouvelle : ☐		Modifiée :☐ Retouchée : ☐	De série : ■	
Type d'essai demandé :		Métrologie dimensionnnelle		
Origines et référentiels :	RH = 53 %	T = 23 °C Moyen = Machine de vision auto		

Conforme : ■   **Non Conforme :** ☐   **Pour Information :** ■

Essais dimensionnels :   **Confidentiel :** OUI ☐   NON ■

Rep	Cotes (mm)		Pièces EMP N°								moye	σ	C/HT
	Min	Max	1	2	3	4	5	6					
A1	2,30	2,70	2,44	2,39	2,53	2,47	2,48	2,43					C
A2	2,30	2,70	2,31	2,37	2,53	2,45	2,55	2,39					C
B1	***	***	1,12	1,12	1,12	1,12	1,12	1,16					Info
B2	***	***	1,10	1,08	1,09	1,11	1,09	1,08					Info
B3	***	***	1,09	1,11	1,09	1,12	1,09	1,12					Info
B4	***	***	1,11	1,12	1,13	1,11	1,13	1,12					Info

Objectifs essai :

La raison de la demande est perte de contact .

Conclusion essai :

Pas de non-conformité sur les côtes A1 A2 mais ces lames ne sont pas alignées .

Pas de différence claire entre les côtes B1; B2; B3 et B4 .

Effectuée par :	**Hmaidi Jamel**	VISA :
Responsable :	**Besbes Amine**	VISA :
Destinataires :	**El Hallek Nourreddine**	

G:\Groupes\SD\SDQ\Applicables\Annexprocédure\MA.02A3.xls

Annexe 7 : Métrologie laboratoire pièces mauvaises

	ANNEXE 3		
Valeo	**RAPPORT D'ESSAIS**		
Interior Controls	N° d'enregistrement : 22785	Date:	27/08/2010

Demandeur :	**EL Hallek Nouredinne**	⊘ S ☐ R ☐ FF/IFF☐	Nombre de pièces	**5**
Service :	**Achat**	Date demande : **23/08/2010**	Nombre d'empreint	
Désignation :	**Languette**	Famille : **KN**	Plan N°: **1125030/03D**	
Référence pièce:	**E25030-03**	Fournisseur :	Norme N°:	

N° Lot :		Gamme de contrôle N°:	Date :

Pièce :	Nouvelle : ☐	Modifiée : ☐	Retouchée ☐	De série : ☐

Type d'essai demandé :	**Metrologie dimensionelle**

Origines et référentiels :	HR = **54** % T° = **23** °C	Moyen=	**Machine 2D Automatique**

Jugement :	Conforme : ■ Non Conforme : ☐ Pour Information : ☐

Objectif de l'essai :   Confidentiel : OUI ☐   NON ☐

Essais dimensionnels :

Rep	Cotes (mm)		Pièces N°										moye	σ	C/HT
	Min	Max	P1	P2	P3	P4	P5								
1,18±0,1	1,08	1,28	1,11	1,10	1,11	1,12	1,11						1,108	0,008	C
													#####	#####	
													#####	#####	
													#####	#####	
													#####	#####	
													#####	#####	
													#####	#####	
													#####	#####	
													#####	#####	
													#####	#####	
													#####	#####	
													#####	#####	

Conclusion :

La cote:1,18±0,1 est conforme sur les 5 pièces.

Effectué par :	**OUESLATI MAHER**	VISA :
Validé par :	**AMINE BESBES**	VISA :
Destinataires :	**EL HALLEK NOUREDINNE**	

G:\Groupe\Scf\Sckf\Applicables\Annexes\PRMA.02A3.xl   PRMA.02-A3-1/3-1

Annexe 8 : Métrologie laboratoire languettes 1

Valeo		ANNEXE 3			
Interior Controls		RAPPORT D'ESSAIS			
	N°d'enregistrement :	23977		Date:	25/03/2011

Demandeur :	Labbene Aymen	⊘ S☐ R☐ FF/FF☐	Nombre de pièces 5
Service :	Indus	Date demande : 23/03/2011	Nombre d'empreinte:
Désignation :	Languette	Famille : KN	Plan N° 1125030/D
Référence pièce:	E 25030	Fournisseur :	Norme N°

N° Lot :		Gamme de contrôle N°	Date :
Pièce : Nouvelle : ☐	Modifiée : ☐	Retouchée :☐	De série : ☐

Type d'essai demandé : **Metrologie dimensionelle**

Origines et référentiels : HR = 54 %   Moyen= **Machine de vision 2D Automatique**
T° = 23 ℃

Jugement :	Conforme : ■	Non Conforme : ☐	Pour Information : ☐

Objectif de l'essai :   Confidentiel : OUI ☐   NON ☐

La raison de la demande est suite au problème de perte éclairage.

Essais dimensionnels :

Rep	Cotes (mm)		P1	P2	P3	P4	P5							moye	σ	C/HT
	Min	Max														
5,5-0,1/0	5,40	5,50	5,45	5,45	5,46	5,45	5,46							5,453	0,007	C
1,2±0,1	1,10	1,30	1,21	1,21	1,25	1,21	1,22							1,222	0,019	C
1,18±0,1(1)	1,08	1,28	1,11	1,11	1,10	1,12	1,10							1,107	0,012	C
1,18±0,1(2)	1,08	1,28	1,21	1,19	1,16	1,20	1,16							1,18	0,019	C
														#####	#####	
														#####	#####	
														#####	#####	
														#####	#####	
														#####	#####	
														#####	#####	
														#####	#####	
														#####	#####	
														#####	#####	

Conclusion :

La cote:1,18±0,1 est mesuré en 2 zone (1) et (2) au niveau zone(2) présence d'une déformation (voir photo jointe)

Les 3 cotes: sont conforme.

Effectué par :	OUESLATIMAHER	VISA :
Validé par :	ZOUARIHATEM	VISA :
Destinataires :	LABBENE AYMEN	

Annexe 9 : Métrologie laboratoire languettes 2

Valeo		ANNEXE 3				
Interior Controls	N°d'enregistrement :			RAPPORT D'ESSAIS		

Interior Controls	N°d'enregistrement :		23978		Date:	28/03/2011
Demandeur :	labbane aymen	▽	S☐ R☐ FF/IFF■		Nombre de pièces :	5
Service :	INDUS	Date demande :	28/03/2011		Nombre d'empreinte:	
Désignation :	Lompe	Famille :	KN		Plan N°	E25254
Référence pièce:	E25254	Fournisseur :			Norme N°	
N° Lot :			Gamme de contrôle N°		Date :	
Pièce :	Nouvelle : ☐	Modifiée : ☐	Retouchée : ☐		De série : ■	
Type d'essai demandé :			Métrologie Dimensionnelle			
Origines et référentiels :	HR = 53 % T° = 23 ℃		Moyen=	Machine de vision auto		

Jugement :	Conforme : ■	Non Conforme : ☐	Pour Information : ☐

Objectif de l'essai :   Confidentiel :   OUI ☐   NON ■

la raison de la demande est suite a un probleme de perte d'éclairage

Essais dimensionnels :

Rep	Cotes (mm)		P1	P2	P3	P4	P5					moye	σ	C/HT
	Min	Max												
5,10		5,10	5,02	5,03	5,00	5,03	5,02					5,02		C
4,60		4,60	4,60	4,58	4,59	4,60	4,58					4,60		C
1,50	1,5	1,90	1,89	1,88	1,89	1,89	1,88					1,89		C

Conclusion :

Les cotes mesurées sont conforme sur toutes les pièces

Effectué par :	MEZNI tahar	VISA :
Validé par :	ZOUARI hatem	VISA :
Destinataires :	NOURRIDDINE EL HALLEK	

G:\Groupe\Sd\Sdq\Applicables\Annexes\PRMA.02A3.xl   PRMA.02-A3-1/3-1

Annexe 10 : Métrologie laboratoire lampe

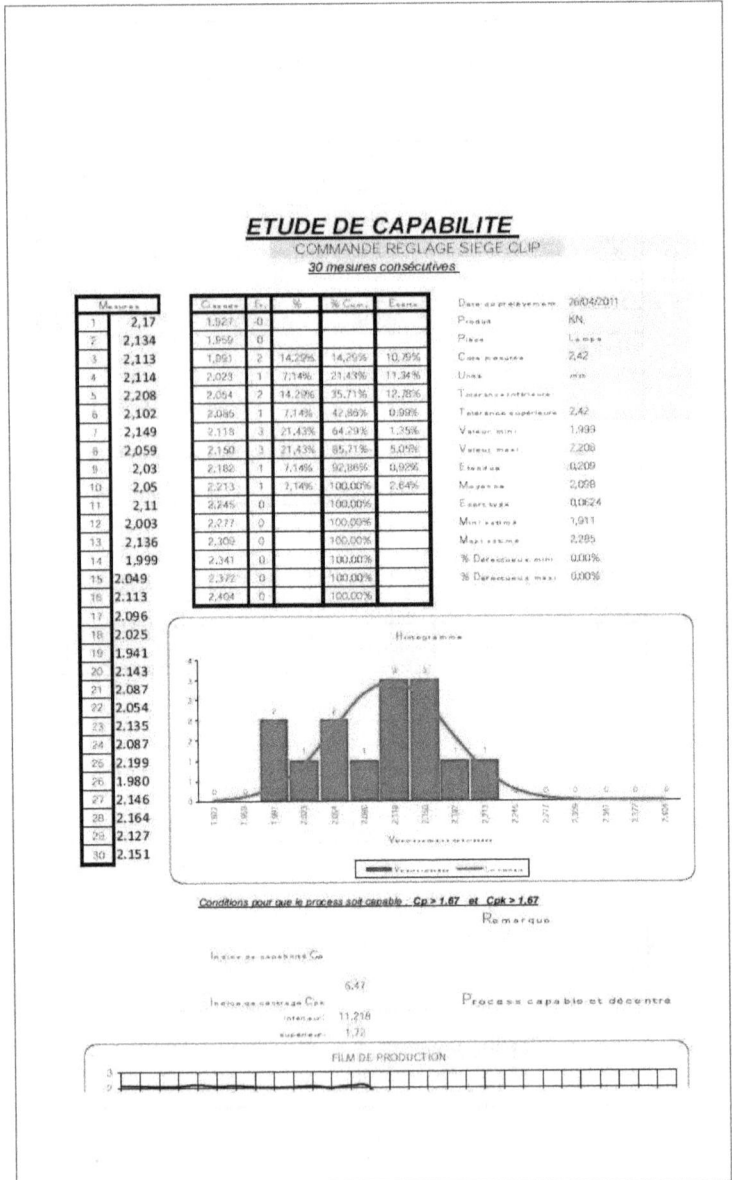

Annexe 11 : métrologie partie bombée lampe

Annexe 12 : métrologie largeur culot lampe

ETUDE DE CAPABILITE
COMMANDE REGLAGE SIEGE CLIP

30 mesures consécutives

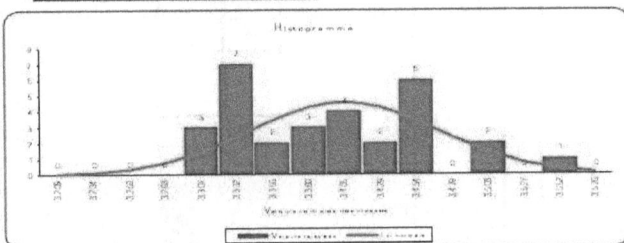

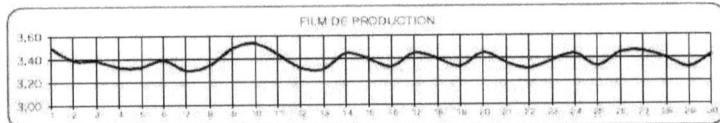

Annexe 13 : métrologie distance entre pins de la lampe

ETUDE DE CAPABILITE

COMMANDE REGLAGE SIEGE CLIP

30 mesures consécutives

Mesures	
1	5,859
2	5,858
3	5,930
4	5,889
5	5,859
6	5,879
7	5,902
8	5,816
9	5,838
10	5,927
11	5,842
12	5,858
13	5,920
14	5,917
15	5,861
16	5,867
17	5,922
18	5,897
19	5,848
20	5,922
21	5,840
22	5,874
23	5,911
24	5,882
25	5,820
26	5,876
27	5,889
28	5,891
29	5,859
30	5,854

Classes	Fi	%	% Cum	Ecarts
5,767	0			
5,780	0			
5,794	0			
5,807	0			
5,821	2	6,90%	6,90%	3,52%
5,834	2	6,90%	13,79%	5,83%
5,848	3	10,34%	24,14%	7,79%
5,861	5	17,24%	41,38%	12,37%
5,875	3	10,34%	51,72%	6,79%
5,888	4	13,79%	65,52%	3,70%
5,902	3	10,34%	75,86%	-0,80%
5,915	5	17,24%	93,10%	5,51%
5,929	2	6,90%	100,00%	5,69%
5,942	0		100,00%	
5,956	0		100,00%	
5,969	0		100,00%	

Date du prélèvement	03/05/2011
Produit	KN
Pièce	Fmnt
Cote mesurée	5,80
Unité	mm
Tolérance inférieure	5,76
Tolérance supérieure	6,05
Valeur mini	5,816
Valeur maxi	5,93
Etendue	0,114
Moyenne	5,879
Ecart type	0,0324
Mini estimé	5,781
Maxi estimé	5,976
% Défectueux mini	0,01%
% Défectueux maxi	1,43%

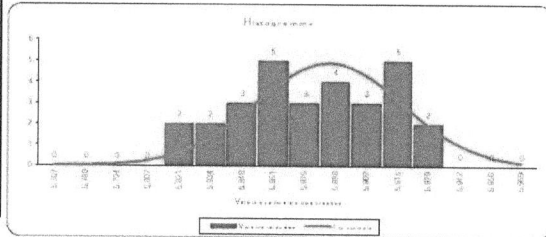

Conditions pour que le process soit capable **Cp > 1.67 et Cpk > 1.67**

Remarque

Indice de capabilité Cp		
	0,98	
Indice de centrage Cpk		Process capable et décentré
inférieur	1,221	
supérieur	0,732	

Annexe 14 : métrologie largeur boitier

87

ETUDE DE CAPABILITE
COMMANDE REGLAGE SIEGE CLIP
30 mesures consécutives

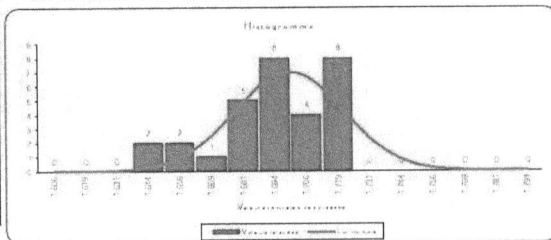

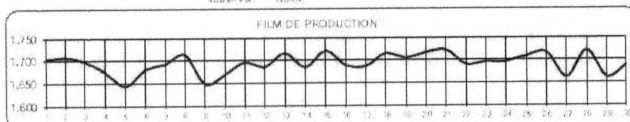

Annexe 15 : métrologie largeur languettes

www.ingramcontent.com/pod-product-compliance
Lightning Source LLC
Chambersburg PA
CBHW021120210326
41598CB00017B/1517